Die ersten Spuren
psychischer Erscheinungen

Der französische Psychologe Alfred Binet (1857 – 1911) gilt als Begründer der Psychometrie. Er studierte unter anderem Medizin und Biologie an der Sorbonne. Seine Forschungsergebnisse auf dem Gebiet der Intelligenzmessung und der Mikroorganismen sind eine Arbeitsgrundlage für Psychologen und Naturforscher auf der ganzen Welt.

Der Naturwissenschaftler Dipl.-Math. Klaus-Dieter Sedlacek, Jahrgang 1948, studierte in Stuttgart neben Mathematik und Informatik auch Physik. Nach fünfundzwanzig Jahren Berufspraxis in der eigenen Firma widmet er sich nun seinen privaten Forschungsvorhaben und veröffentlicht die Ergebnisse in allgemein verständlicher Form. Darüber hinaus ist er der Herausgeber mehrerer Buchreihen unter anderem der Reihen „Wissenschaftliche Bibliothek" und „Wissenschaft gemeinverständlich".

Alfred Binet

Die ersten Spuren psychischer Erscheinungen

Das psychische Leben von Mikroorganismen –
Eine Studie in experimenteller Psychologie

Neu übersetzt und herausgegeben
von Klaus-Dieter Sedlacek

Wissenschaftliche Bibliothek Bd. 18

Bibliografische Information Der Deutschen Bibliothek:
Die Deutsche Bibliothek verzeichnet diese Publikation in der
Deutschen Nationalbibliografie; detaillierte
bibliografische Daten sind im Internet über
http://dnb.ddb.de
abrufbar.

Neuübersetzung
© 2017 Klaus-Dieter Sedlacek
Cover: Sedlacek
Internet: http://klaus-sedlacek.de

Herstellung und Verlag:
BoD – Books on Demand, Norderstedt
ISBN 978-3-7431-8088-8

Inhaltsverzeichnis

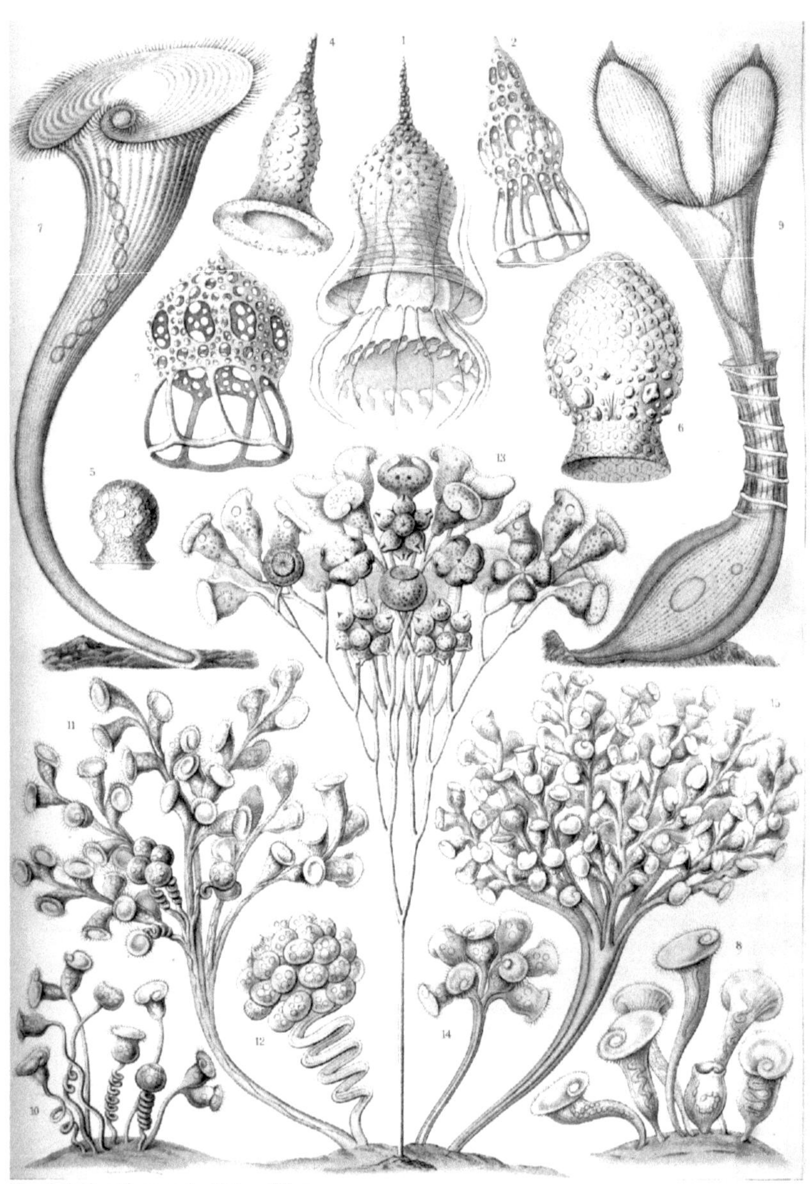

Haeckel: Kunstformen der Natur - Ciliata

1. Einführung

Ich habe mich in dem folgenden Text über Mikroorganismen bemüht, zu zeigen, dass psychologische Phänomene bei den untersten Wesensklassen beginnen. Sie kommen in jeder Lebensform von der einfachsten Zelle bis zum kompliziertesten Organismus vor. Sie sind die wesentlichen Phänomene des Lebens, die jedem Protoplasma[1] innewohnen.

Wir gehen dementsprechend von der Existenz einer Art Vitalismus aus, d. h. eines Aggregats von Eigenschaften, die sich auf die lebende Materie beziehen und die niemals in unbelebten Substanzen gefunden werden. Unter diesen Eigenschaften des Lebens ordnen wir psychologische Phänomene ein.

Es ist unnötig zu sagen, dass dieser Vitalismus nichts mit der Lehre zu tun hat, die von der Schule von Montpellier vertreten wird. Das hier vorliegende Prinzip hat nichts mit Eigenschaften und Kräften zu tun, die der lebendigen Materie überlegen sind. Es geht um die Eigenschaften, die ihr innewohnen - die Eigenschaften, die das Leben charakterisieren.

Die Gegner des Vitalismus versuchen die Theorie zu widerlegen, indem sie alle Phänomene des Lebens auf physikalisch-chemische Kräfte zurückführen. Sie behaupten, dass, wenn die Physiologie fortschreitet, die Tendenz besteht, alle Phänomene nominell physiologisch auf den Bereich der Physik und Chemie zu verweisen. Und wenn es ihnen bis jetzt nicht gelungen, so wäre es doch nur eine Frage der Zeit zu beweisen, dass jeder lebenswichtige Vorgang auf mechanischen Phänomenen beruht.

---

1   Das Protoplasma ist die innere sol- oder gelartige flüssige Masse aller lebenden Zellen inklusiv Zellkern.

In einer Abhandlung über „Vitalismus und Mechanismus"[2] hat G. Bunge, Professor für Physiologie in Basel, gezeigt, dass die Geschichte der Physiologie diese Hypothesen widerlegt.

Je genauer die Phänomene des Lebens untersucht werden, je sorgfältiger sie in ihren verschiedenen Aspekten studiert werden, desto sicherer wird der Schluss, dass die Prozesse, die physikalisch-chemischen Kräften zugeschrieben werden, in Wirklichkeit viel komplizierteren Gesetzen gehorchen. Um dies zu veranschaulichen, wurde zu einem früheren Zeitpunkt eingeräumt, dass die Phänomene der Resorption und Ernährung durch Diffusion und Endosmose erklärbar seien. Dutrochet, nach seiner Entdeckung der Endosmose, dachte sogar, dass er das Prinzip des Lebens entdeckt habe. Zurzeit wissen wir, dass die Wände des Darms nicht in irgendeiner Weise wie unbelebte Membranen wirken, die bei Experimenten mit der Endosmose verwendet werden. Die Darmwände sind mit Epithelzellen bedeckt, von denen jede ein mit einem Komplex von Eigenschaften ausgestatteter Organismus ist. Das Protoplasma dieser Zellen bekommt die Nahrung durch einen Aufnahmevorgang, genau wie die Infusorien und andere einzellige Organismen, die ein unabhängiges Leben führen. Im Darm der kaltblütigen Tiere emittieren die Zellen Ausstülpungen, welche die winzigen Tropfen der fettigen Materie erfassen und sie, indem sie diese in das Protoplasma der Zelle einbringen von dort in die Kanäle des Darmsafts übertragen. Es gibt noch eine andere Art der Fettaufnahme, die bei kaltblütigen und warmblütigen Tieren vorkommt. Die lymphatischen Zellen treten aus dem sie enthaltenden adenoiden Gewebe heraus, sodass sie beim Eintreffen an der Oberfläche des Darmes dort vorhandene Fettpartikel einfangen, und sich beladen mit ihrer Beute zurück auf den Weg zu den Lymphbahnen machen.

---

2   G. Bunge, Vitalismus und Mechanismus, Ein Vortrag, 1886.

8

Dementsprechend bezieht sich die Fähigkeit, Nahrung aufzunehmen und die Wahl zwischen Nahrungsmitteln verschiedener Art zu treffen, also einer Eigenschaft, die im Wesentlichen psychologisch ist, auf die anatomischen Elemente des Gewebes, und zwar wie es alle einzelligen Wesen auf die in unserer Abhandlung gezeigten Weise ebenso durchführen. Es ist offensichtlich unmöglich, diese Tatsachen durch die Einführung von rein physikalisch-chemischen Kräften zu erklären. Sie sind die charakteristischen Phänomene des Lebens und kommen ausschließlich im Apparat des lebenden Protoplasmas vor.

Wenn die Existenz psychologischer Phänomene in niederen Organismen bestritten wird, wird man dennoch davon ausgehen müssen, dass diese Phänomene im Laufe der Evolution hinzugekommen sein können, und zwar in dem Maße, wie der Organismus vollkommener und komplexer wird.

Nichts könnte mehr im Widerspruch zu den Lehren der allgemeinen Physiologie stehen, als die Tatsache, dass alle lebenswichtigen Phänomene bereits in nicht differenzierten Zellen vorhanden sind.

Darüber hinaus ist es interessant festzustellen, zu welcher Schlussfolgerung so eine Annahme führen würde – wie Romanes[3] anscheinend zugibt –, dass psychologische Eigenschaften in niedrigeren Wesen fehlen und dass sie erst in verschiedenen Stadien der zoologischen Entwicklung eintreten. Romanes hat die Entwicklung der intellektuellen Fähigkeiten in ganz willkürlicher Weise auf einem großen Diagramm exakt detailliert dargestellt. Nach seinem Schema sind nur die protoplasmatischen Bewegungen und die Eigenschaft der Erregbarkeit in niederen Organismen vorhanden. Das Gedächtnis beginnt erst mit den Stachelhäutern. Die primären

---

3   Der britische Evolutionsbiologe George Romanes (1848 - 1894) legte den Grundstein für die Tierpsychologie und sagte Ähnlichkeiten zwischen den kognitiven Prozessen bei Menschen und Tieren voraus.

Instinkte beginnen mit den Larven der Insekten und den Anneliden (= Ringelwürmer), die sekundären Instinkte mit Insekten und Spinnen. Die Vernunft endlich beginnt mit den höheren Krebstieren.

Ich zögere nicht zu sagen, dass all diese mühsame Einteilung extrem künstlich und vollkommen anomal ist.

Alle Autoren, die sich mit besonderem Nachdruck auf das Studium von einzelligen Organismen spezialisiert haben, haben diesen Wesen die meisten psychologischen Eigenschaften zugeschrieben, die Romanes für dieses oder jenes höherklassige Tier reserviert hat. Das ist die Meinung von Gruber, von Verworn, von Moebius, von Balbiani und von vielen anderen Naturforschern. Moebius erkennt, dass das psychologische Leben mit dem lebenden Protoplasma beginnt, und er hält es für das höchste Ziel der Zoologie, die psychische Einheit aller Tiere zu demonstrieren.

Wir könnten, wenn es nötig wäre, jede einzelne der psychischen Fähigkeiten nehmen, die Romanes für jene Tiere reserviert, die mehr oder weniger fortgeschritten auf der zoologischen Skala sind, und zeigen, dass der größte Teil dieser Fähigkeiten gleichermaßen zu den Mikroorganismen gehört. Aber wir dürfen die Diskussionen dieser Einleitung nicht unnötig erweitern. Wir beschränken uns daher auf wenige Erläuterungen.

In seinem zoologischen Maßstab weist Romanes den Larven der Insekten und den Anneliden die ersten Erscheinungen von Überraschung und Angst zu.

Wir können zu diesem Punkt antworten, dass es nicht ein einziges Wimpertierchen (*Ciliata*) gibt, das nicht erschreckt werden kann, und das nicht seine Angst mit einem schnellen Durchqueren der Flüssigkeit des Präparats manifestiert.

Wenn ein Tropfen Essigsäure in das Präparat auf dem Glasträger eingeführt wird, das Mengen von Infusorien (Aufgusstierchen) enthält, so werden diese sofort in alle Richtungen wie eine Schar erschrockener Schafe fliehen.

Gemäß Romanes beginnt die Erinnerung zuerst mit den Stachelhäutern (z. B. Seesterne). Nun stellt Moebius anlässlich einer Abhandlung über die *Folliculina ampulla* (Ohrentierchen, Flaschentierchen)[4], ein Aufgusstierchen mit Geißel, die komplizierte und interessante Bewegungen vollführt, fest, dass jedes Mal, wenn ein Tier dieselbe Handlung unter dem Einfluss derselben Erregungen wiederholt, diese Tatsache beweist, dass das Tier eine Art Gedächtnis besitzt. Tatsächlich ist Erinnerung eine der elementarsten psychologischen Tatsachen.

Schließlich beginnen die primären Instinkte nach Romanes zunächst mit den Larven der Insekten und mit den Anneliden. Wir geben, im Widerspruch zu dieser Aussage, die Bemerkungen von Verworn[5] zu bedenken, die die Existenz neugieriger Instinkte unter den Rhizopoden (Wurzelfüßer z. B. Amöben) offenbaren. Die *Difflugia urceolata* (eine Amöbenart), die eine Schale aus Sandpartikeln bewohnt, emittiert lange Pseudopodien (Scheinfüßchen), die am Boden des Wassers nach den Materialien suchen, die notwendig sind, um für den Tochterorganismus eine neue Schale zu konstruieren, an der die Vermehrung durch Teilung stattfindet. Das Scheinfüßchen, nachdem es ein Sandkörnchen berührt hat, zieht sich zusammen, und das Sandkorn, das an dem Scheinfüßchen haftet, wird in den Körper des Tieres hineingezogen. Verworn setzt anstelle von Sandkörnern kleine Bruchstücke von farbigem Glas auf das Tier. Einige Zeit später bemerkte er eine Ansammlung dieser Fragmente am unteren Teil der Schale. Er sah dann einen Packen Protoplasma aus der Schale austreten,

---

4   Moebius, Das Flaschenthierchen, Folliculina ampulla, 1887.

5   Verworn, Zeitschrift für Wissenschaftliche Zoologie, Bd. 46. H. 4. 1888.

was die neue Amöbe durch Teilung entstehen ließ. Daraufhin traten die von dem Mutterorganismus gesammelten Stoffe, die Fragmente von farbigem Glas, aus der Schale heraus und umhüllten den Körper des neuen Individuums mit einer Ummantelung, die jener der Mutter ähnlich ist.

Diese Bruchstücke aus Glas, die zuerst lose miteinander verbunden waren, wurden nun durch eine Substanz zementiert, die vom Körper des Tieres ausgeschieden wurde.

Zwei Tatsachen sind zu dieser Beobachtung zu bemerken: Erstens ist die Handlung, mit der die Amöbe Material für die Bereitstellung eines Gehäuses für das junge Individuum sammelt, ein Akt der Voranpassung an ein gegenwärtig nicht vorhandenes, sondern fernliegendes Ziel. Diese Tat hat also alle Merkmale eines Instinktes. Ferner zeigt der Instinkt der Amöbe große Genauigkeit. Denn die Amöbe „weiß" nicht nur, wie man am Grund des Wassers die für ihren Zweck zur Verfügung stehenden Stoffe unterscheidet, sondern sie nimmt sich nur die Menge an Material, die notwendig ist, um dem jungen Individuum zu ermöglichen, eine wohlgeformte Schale zu bauen; es gibt nie einen Überschuss.

Interessanterweise unterscheidet sich die Amöbe nicht von Tieren, die hoch komplizierte Organismen besitzen und mit differenzierten Nervensystemen ausgestattet sind, wie z. B. die Larven der *Phryganidae* (Familie der Köcherfliegen), die ihre Hüllen aus Muscheln, Sandkörnern oder winzigen Splittern bauen.

Wir sollten es nicht als seltsam ansehen, eine möglicherweise derart vollständige Psychologie in der Entwicklungsgeschichte der niederen Organismen zu finden, wenn man bedenkt, dass ein höheres Tier, in Übereinstimmung mit den Ideen einer akzeptierten Evolution, nichts weiter ist als eine Kolonie von Protozoen (einzellige Lebewesen, die einen Zellkern besitzen). Jede der Zellen, aus denen sich ein solches Tier

12

zusammensetzt, hat ihre primitiven Eigenschaften beibehalten und gibt ihnen durch Arbeitsteilung und durch Selektion einen höheren Grad an Vollkommenheit. Die Epithelzellen, die Nägel und Haar absondern, sind Organismen, die bezüglich der Absonderung schützender Bestandteile perfektioniert sind. Ebenso sind die Zellen des Gehirns Organismen, die bezüglich der psychischen Eigenschaften perfektioniert wurden.

Alfred Binet

**Ergänzung des Herausgebers:
Definition von „Psyche" und „Psychologie" aus systemtheoretischer Sicht**

Psyche (griech. „Seele"), Innenleben, Seelenleben:
1. Gesamtheit *nichtphysischer Beziehungen* einschließlich der Eigenschaften und individuellen Wesensmerkmale der Lebensprozesse in lebender Materie.
Da es sich bei nichtphysischen Vorgängen im Regelfall um eine Art Informationsverarbeitung handelt, kommt eher die äquivalente zweite Fassung zum Tragen:
2. *Informationsverarbeitendes System*, um die Lebensprozesse in lebender Materie zu steuern.

Information: Zahlenmäßiger *Unterschied der Eigenschaften zwischen zwei Zuständen eines Systems*. Die Anzahl der Unterschiede wird in Bit angegeben. Ein **Bit** kann zwei Werte annehmen und drückt aus, ob ein Unterschied vorhanden ist oder nicht. Dagegen drückt ein Quantenbit (**Qbit**) nur aus, mit welcher Wahrscheinlichkeit ein Wert innerhalb eines vorgegebenen Wertebereichs unter bestimmten physikalischen Umständen angenommen wird.

Informationsverarbeitung: Organisierte Umwandlung von Information mit dem Ziel diese für spezifische Zwecke bereitzustellen. Der Vorgang der Umwandlung erfolgt grundsätzlich auf der Basis eines dreistufigen Prozesses nach dem EVA-Prinzip. Dabei bedeutet E = Eingang von Information, V = Verarbeitung bzw. Umwandlung der Information, A = Ausgabe, Bereitstellung umgewandelter Information.

System: Nach einem aufgaben-, sinn- oder zweckbezogenen Gesichtspunkt erfolgte Zusammenfassung von Dingen, Funktionen, Relationen oder Erkenntnissen zu einem einheitlichen Ganzen, und zwar so, dass deren Elemente aufeinander bezogen oder miteinander verbunden sind.

Auf der Basis der zweiten Fassung des Begriffs „Psyche" kann man nun definieren:

Psychologie: Wissenschaft der Vorgänge und Erscheinungen, die von dem informationsverarbeitenden System, das die Lebensprozesse steuert, verursacht werden.

2. Das psychische Leben der Mikroorganismen

Das Studium von mikroskopischen Organismen wurde bisher von Studenten der vergleichenden Psychologie etwas vernachlässigt. Naturalisten, die ihre Aufmerksamkeit auf das Studium dieser Wesen richteten, haben eine große Anzahl von interessanten Tatsachen über ihr psychisches Leben gesammelt. Aber dieses Tatsachenmaterial ist bis Ende des 19ten Jahrhunderts nicht kritisch untersucht und zusammengetragen worden. Die Fakten sind in Berichten und Publikationen aller Art verstreut, wo der Psychologe nicht im Traum daran denkt, nach ihnen zu suchen. Wir werden versuchen, ihn mit einem Teil dieses Reichtums bekannt zu machen.

Im Begriff Mikroorganismus sind alle Wesen eingeschlossen, die aufgrund ihrer extremen Kleinheit und Einfachheit der Struktur die niedrigsten Stufen des tierischen oder pflanzlichen Lebens darstellen. Sie bilden die einfachsten Formen der lebenden Materie und bestehen aus einer einzigen Zelle.

Einige bewohnen frische und salzige Gewässer, dienen als Nahrung für viele andere Organismen oder tragen durch ihre kalkhaltigen oder kieseligen Skelette zur Bildung von Kontinenten bei. Andere leben als Parasiten in den Organen von Tieren und Pflanzen und induzieren mehr oder weniger ernsthafte Erkrankungen in der Konstitution der Organismen, die sie durchdrungen haben. Andere wiederum, die wie Enzyme wirken, erzeugen im Laufe der Zersetzung wichtige chemische Veränderungen in der organischen Substanz.[6]

Man hat eine große Anzahl von Klassifikationen für die methodische Einteilung dieser Wesen vorgeschlagen. Aber

---

[6] Diese Lehrmeinung über Infusorien wurde von Sibold und Kölliker aufgestellt.

nicht einer dieser Vorschläge ist insgesamt zufriedenstellend und das ist verständlich.

Da eine natürliche Klassifikation der höheren Tiere, die sich in wichtigen Merkmalen voneinander unterscheiden und zwischen denen ein Vergleich eingeleitet werden kann, stets ein komplexes Stück Arbeit ist, so ist die Schwierigkeit der Einordnung einfacher Organismen, die nur die geringsten Unterschiede aufweisen, noch schwieriger.

Die Haupteinteilung ist die in tierische Mikroorganismen oder Protozoen und pflanzliche Mikroorganismen oder Mikrophyten.

Die Abgrenzungslinie zwischen diesen beiden Reichen ist bei Weitem nicht gut definiert. Es gibt eine große Anzahl von Mikroorganismen incertae sedis (= unsichere systematische Stellung), die Botaniker in der Regel dem Pflanzenreich zuordnen, aber Zoologen diese bevorzugt dem Tierreich[7] zugehörig klassifizieren.

Nachstehend finden Sie eine Liste der wichtigsten Gruppen tierischer Mikroorganismen.

TIERISCHE MIKRO-ORGANISMEN

INFUSORIEN	MASTIGOPHOREN	SARKODINEN	SPOROZOA
Ciliata	Flagellaten	Rhizopoden	Gregarinida
Suctoria (Suckers)	Choanoflagellaten	Heliozoa	Kokzidien
	Dinoflagellaten	Radiolarien	Sarcosporidien
	Zystoflagellaten		Myxosporidien
			Mikrosporidien

Wir schlagen jetzt vor, das psychische Leben dieser niederen Organismen oder allgemeiner ihr Lebensverhältnis zu studieren. Es ist wohlbekannt, dass der Ausdruck „Lebensverhältnis" im Wesentlichen zwei verschiedene Vor-

---

7   Das beste Merkmal, um die beiden Reiche zu unterscheiden, ist die chemische Natur der Hüllmembran: Bei den Pflanzenorganismen besteht die Hüllmembran aus einer ternären Substanz, Cellulose, während es sich in tierischen Organismen um ein Albuminoid handelt.

stellungen umfasst: Erstens die Einwirkung der äußeren Welt auf den Organismus oder das Empfindungsvermögen; zweitens die Reaktion des Organismus auf die äußere Welt oder die Bewegung.

Es ist üblich, die Vereinigung dieser beiden Eigenschaften, welche die Reaktion des Mikroorganismus auf äußere Kräfte ausdrücken, mit Reizbarkeit zu bezeichnen. Das erfolgt aus gutem Grund, weil jede lebende Zelle reizbar ist, d. h., sie besitzt die Eigenschaft, mit Bewegungen auf die Erregungen, die sie erfährt, zu reagieren.

Trotz Eingeständnis, dass diese Reizbarkeit die Basis des Lebensverhältnisses und damit auch die Grundlage der Psychologie ist, müssen wir uns dennoch vor dem Vergleich der autonomen Zelle der Mikroorganismen mit einer einfachen reizbaren Zelle hüten. Obwohl der Körper dieser kleinen Wesen äquivalent zu einer einfachen Zelle sein kann, wäre es ein Irrtum zu glauben, dass ihr Beziehungsleben in einer motorischen Reaktion besteht, die auf äußere Irritationen zurückzuführen ist. Am Ende unserer Untersuchungen zur Psychologie der Protoorganismen werden wir sehen, dass in diesen untergeordneten Wesen, die die einfachsten Formen des Lebens darstellen, Manifestationen einer Intelligenz aufgefunden werden, die die Phänomene einer einfachen zellulären Reizbarkeit stark übersteigen. So sind die psychischen Manifestationen auch auf den untersten Sprossen der Lebensleiter sehr viel komplexer, als man gewöhnlich glaubt, und die Auffassung einiger Autoren von der zellulären Psychologie, scheint mir eine zu grobe Analyse der meisten feinen Phänomene zu sein.

In der großen Mehrzahl der plurizellulären Tiere spiegeln sich die Lebensverhältnisse im Nervensystem und im Muskelsystem wieder. In Mikroorganismen kann das nicht gesagt werden, der größere Teil besitzt weder ein zentrales Nervensystem noch Sinnesorgane. Einigen fehlen sogar die

16

Bewegungsorgane. Die Funktionen der Umweltbeziehungen werden mit der gesamten Körpermasse durchgeführt.

Viele der Protisten haben zum Beispiel keine Spur eines anatomisch differenzierten Sehorganes. Es ist das ganze Protoplasma des elementaren Organismus, das durch Licht erregbar ist, wie auch durch Wärme oder durch Elektrizität. In anderen Mikroorganismen, die etwas höher in der Skala stehen, kann das Auftreten einer beginnenden Differenzierung durch die Geburt eines Sinnes- oder eines Bewegungsorganoiden erkannt werden.

Wir geben eine allgemeine Beschreibung dieser Strukturen mit organähnlicher Funktion. Das Studium dieser ersten Vorgänge im Erschaffen einer Differenzierung ist von großem Interesse für die vergleichende Anatomie und Physiologie. Nicht weniger interessant ist es für die Psychologie. Abgesehen davon, dass wir bei dieser Einführung zu unserer Aufgabe verweilen, werden wir Gelegenheit haben, neue und interessante Tatsachen kennenzulernen.

3. Die Bewegungs- und die Sinnesorganoide

3.1 Beweglichkeit

Aus unserer obigen Tabelle der Gruppen tierischer Mikroorganismen wird ersichtlich, dass sie in vier Klassen, die Infusorien, die Mastigophoren, die Sarcodinae und die Sporozoen unterteilt sind. Die Unterscheidung in diese Klassen hängt von der Existenz und der Natur der motorischen Organoide[8] ab.

Die Infusorien umfassen die Protozoen, die sich mit Hilfe von Vibrationszilien (lat. Cilium „Wimper") bewegen, die in größerer oder geringer Anzahl über ihren Körper verteilt sind.

Die zweite Klasse, die Mastigophoren, umfasst diejenigen Tiere, die sich mit Hilfe von Flagellen, d. h. mithilfe langer Fasern bewegen.

Die dritte Klasse, die Sarcodinae, umfasst diejenigen Tiere, die sich mit Hilfe von Pseudopodien (Scheinfüßchen) bewegen; das sind Plasmaausstülpungen, die aus der Substanz ihres Körpers bestehen.

Die vierte Klasse, die Sporozoae, ist durch die Art ihrer Vermehrung gekennzeichnet:

Sie vermehren sich durch Sporen. Bei den Tieren dieser Gruppe fehlen die speziellen motorischen Organoide. Diese Kreaturen bewegen sich daher im Allgemeinen sehr wenig oder sie führen Bewegungen aus, deren Grundsätze unbekannt sind.

Wir werden nacheinander die Pseudopodien, die Vibrationszilien und das Flagellum beschreiben.

---

8   Ein **Organoid** ist eine Struktur mit organähnlicher Funktion.

3.2 Der Pseudopodus

Die Bildung von Pseudopodien findet vorwiegend in nackten Zellen statt – also in Zellen ohne eine umhüllende Membran, im Allgemeinen in den Sarcodinae. Man kann dies leicht an der *Amoeba princeps* studieren, ein mikroskopisch kleines Tier, das man in frischem Wasser, welches organische Substanzen im Zustand der Fäulnis enthält, reichlich vorfindet. Es hat das Aussehen einer kleinen gallertartigen Masse, unregelmäßig gebildet aus einer farblosen Substanz, dem Protoplasma. Von der chemischen Natur des Protoplasmas ist bekannt, dass es das Ergebnis einer Mischung von Albuminoid-Materialien mit einem Zusatz von Wasser und Mineralstoffen ist[9]. Im Protoplasma der Amöbe existiert eine kleine, abgerundete und Strahlen brechende Masse, die ein oder zwei helle Partikel in ihrem Inneren enthält. Diese kleine Masse nennt man den Kern und die Körperchen die Nukleonen[10].

Die Form des Körpers des Amöbenkörper ist sehr unregelmäßig gestaltet aufgrund der Tatsache, dass gewisse Teile seiner Masse sich verlängern und kurze runde Vorsprünge bilden, die mit dem Namen Pseudopodien bezeichnet werden. Mithilfe diese Pseudopodien bewegt sich das Tier. Es bildet eine Ausstülpung nach der Richtung, in die es sich bewegt, dann zieht es diese wieder zurück, während andere Teile der Masse ihrerseits sich lang strecken. Der ganze Körper bewegt sich, indem er schleichend kriecht. Die Amöbe in Bewegung hat das Aussehen eines sich bewegenden Tropfen Öls.

Um den Mechanismus dieser Bewegung zu erklären, muss man annehmen, dass der ausgedehnte Pseudopodus sich mit seinem freien Ende an einem Stützpunkt festhält und dann

---

9   Die genaue biochemische Struktur wurde erst in der zweiten Hälfte des 20. Jahrhunderts erforscht.

10   Der Zellkern enthält das Erbgut. Damit bezeichnet man die materiellen Träger der vererbbaren Information einer Zelle wie Chromosomen und Desoxyribonukleinsäure (DNA) einschließlich der Informationen.

durch Kontraktion die ganze Körpermasse bis zu diesem hinzieht. Aber es ist schwer zu verstehen, was die Ursache der Dehnung der Pseudopodien ist. Man hat angenommen, dass das Protoplasma mit großer Elastizität ausgestattet ist und dass die Streckung die Rückkehr dieser Substanz zu ihrer urtümlichen Form bedeutet. Das ist allerdings nicht die Auslegung von Rouget[11]. Der gelehrte Professor des Naturkundemuseums ist so freundlich gewesen, die folgende Anmerkung für uns zu schreiben, in der er seine Meinung zusammenfasst:

> Jedes Mal, wenn ein protoplasmatischer Organismus stirbt oder einer starken elektrischen Erregung oder einer relativ hohen Temperatur ($+45^0$ bis $+50°$) ausgesetzt ist, werden die Pseudopodien zurückgezogen und treten wieder in die Masse ein, die dann eine kugelförmige Form annimmt. Das Gleiche gilt für das Protoplasma der pflanzlichen Zellen, deren interzelluläres Retikulum beim Rückzug entweder auseinanderbricht, oder deren Protoplasmamasse sich in sphärische Körper aufteilt. Diese Rückzugsstadien sind die Analoga der *Muskelstarre*, und so wie diese stellen sie die Folge einer maximalen Kontraktion des Protoplasmas dar – dennoch bleibt unter denselben Bedingungen der Typ Glockentierchen (*Carchesium*), der ein protoplasmatisches Gebilde ist, in einem Zustand dauerhaften Einzugs. Daraus folgt, dass die Emission der Pseudopodien, ihre Dehnung, in keinem Fall als ein direktes Werk der Kontraktilität des Protoplasmas angesehen werden kann.

> Eines der schwierigsten Probleme ist die Frage, wie Pseudopodien erzeugt werden. Meines Erachtens kann diese nicht beantwortet werden, ausgenommen in folgender Weise: Alle protoplasmatischen Massen und insbesondere Amöben, bestehen aus zwei Teilen, einmal dem Außenplasma (Ektosark), das elastisch ist, und zweitens der inneren sol- oder gelartigen flüssigen Masse mit darin gelöstem Granulat.

> Ab dem Zeitpunkt der Erscheinung eines Pseudopodus ist ein Flüssigkeitsstrom sichtbar, der in den Pseudopodus eindringt und zu

---

11   Charles Rouget (1824 -- 1904) war ein französischer Physiologe und Histologe. Von 1879 bis 1893 war er Professor für Physiologie am *Muséum national d'histoire naturelle*, Paris

seiner Dehnung beiträgt. Es ist offensichtlich, dass die Flüssigkeit passiv ist, dass sie nur in den Pseudopodus eindringt, weil sie, von allen Seiten zusammengedrückt, dort weniger Widerstand findet. Ich glaube, dass die homogene glasartige Substanz des Pseudopodus auch eine Art der Hernie (Knospung) des Ektosarks ist, und zwar als Ergebnis einer Verminderung der elastischen Resistenz an der Stelle, wo sie auftritt, begleitet von einer Erhöhung der Elastizität oder der Kontraktilität (für mich zwei Modalitäten der gleichen Eigenschaft) in den Teilen des Ektosarks, wo Pseudopodien nicht produziert werden. Wenn die Kontraktilität oder die elastische Spannung dieser Teile abnimmt und in ihren ursprünglichen Zustand zurückkehrt, tritt der Pseudopodus wieder in die Masse ein. Dazu kommt, dass in einer Amöbe größeren Ausmaßes, *Amoeba terricola*, mir die äußerste Membran des Ektosarks als eine körnige Erscheinung vorkommt, die möglicherweise identisch ist mit den Riefen oder kontraktilen Fibrillen des Ektosarks der mit Geißeln versehenen Infusorien, wie Stentor, Spirostomes, Bursaria usw. (20. Mai 1887)

Der Pseudopodus repräsentiert kein permanentes, differenziertes Fortbewegungsorgan. Er wird durch eine einfache Verlängerung der Körpermasse erzeugt, die an beliebiger Stelle erfolgen kann, und wenn die Fortbewegung geschehen ist, tritt diese Verlängerung wieder in die gemeinsame Masse ein, ohne irgendwelche Spuren ihrer Emission zu hinterlassen. Bei anderen Tierarten, z. B. dem *Petalobus* von Lachmann, wurden erste Spuren der Differenzierung der Pseudopodien beobachtet.

Sie bilden sich immer an der gleichen Stelle des Körpers, auf einer Höhe mit dem vorderen Teil. Aber trotz dieser festen Lokalisierung hat das motorische Organoid nur eine vorübergehende Existenz. Es wird in dem Augenblick erzeugt, wo es gebraucht wird, und verschwindet in der Masse des Körpers, wenn die Bewegung ausgeführt worden ist. Bei den Sonnentierchen (*Actinophrys*) gibt es einen noch größeren Fortschritt: Die zahlreichen von diesem Tier emittierten Pseudopodien, die die Form von Filamenten (Fasern) haben, sind dauerhafte Organoide mit bestimmten Funktionen.

3.3 Die Vibrationszilien

Die Vibrationszilien sind kurze, extrem dünne, homogene Fasern, die durch eine Vibrationsbewegung erregt werden. Sie sind deutlich differenzierte Bewegungsorganoide. Sie haben darüber hinaus mehrere Funktionen: Erstens ermöglichen sie dem Tier, sich in der Flüssigkeit zu bewegen. Zweitens dienen sie ihm als Greiforgan. Drittens erlauben sie eine Auffrischung des Wassers, das die erforderliche Atemluft für das Tier liefert. Möglicherweise dienen sie auch als Berührungsorgane.

Die vibrierenden Zilien verleihen den Infusorien ihren eigentümlichen Charakter und machen es möglich, sie von allen anderen Protozoen zu unterscheiden. Zilien finden sich auch bei jungen Pflanzen und bei Larven der Hohltiere (*Coelenterata*), der Weichtiere (Mollusken) und der Würmer. Aber bei den Protozoen sind es allein die Infusorien. Die Zilien verteilen sich unterschiedlich je nach Art. Beim Wimpertierchen (*Holotricha)* sind sie regelmäßig über die ganze Oberfläche des Körpers verteilt, und fast alle haben die gleiche Länge. Bei der *Heterotricha* (Wimpertierchen mit rundem Körperquerschnitt) sind sie dagegen ungleich lang. Zu dieser Gruppe gehören die *Stentoren*, die lange Zilien um eine kreisförmige Fläche haben, die sich fast bis zum Mund erstreckt.

Diese Fläche ist ein Räderorgan, analog zu dem der Rädertierchen. Es produziert Wirbel im Wasser und verursacht so den Strom der Fremdkörper hin zum Mund: Bei diesen Tieren ist der Rest ihres Körpers mit feinen Zilien bedeckt. Bei den *Hypotrichen* befinden sich die Zilien auf der bauchseitigen Oberfläche des Körpers und helfen bei der Fortbewegung. Bei den Peritrichen bilden sie eine kreisförmige oder spiralförmige Reihe auf dem vorderen Teil des Körpers und führen zum Mund. Diese Form wird bei den *Vorticellidae* (Glockentierchen) beobachtet. Glockentierchen sind festsitzende Arten, die keine

anderen Zilien haben als diejenigen, die sie für die Nahrungsaufnahme verwenden. Der Rest des Körpers ist nackt.

Man hat viel über die morphologische Bedeutung der
Vibrationszilien gesagt. So haben mehrere Mikrobiologen behauptet, dass die Zilien nur an der Hüllmembran befestigt
sind und keine Verbindung mit dem Protoplasma haben. Das
ist völlig falsch. Die Zilien sind niemals einfache Verlängerungen der Zellwand. Sie haben ihre Wurzel in der
protoplasmatischen Substanz. Sie durchdringen Öffnungen in
der Zellwand, die folglich mit einer Vielzahl kleiner Löcher
durchbohrt ist. Der deutsche Biologe Theodor Wilhelm
Engelmann (1843 – 1909) konnte bei seinen Beobachtungen
das Ende der Vibrationszilien bis ins Innere des Protoplasmas
zurückverfolgen.[12] Er machte die Beobachtung an den Rand-
zilien der *Stylonichia.* Er hat gesehen, wie eine blasse Faser, die
sich fast direkt unter der Zellwand in eine Richtung senkrecht
zur Seitenkante des Körpers bewegte, sich von jedem dieser
Fäden absonderte. In Richtung der Mittellinie der Bauchfläche
werden die Fasern häufig freigelegt, weil der Körper dieses
Infusors sich seiner protoplasmatischen Substanz entleert.
Dort haben die Fasern das Aussehen gespannter Fäden.

Engelmann sieht in dieser Beobachtung eine Bestätigung
der Meinung, dass die Körper der Infusorien aus einer einzigen Zelle bestehen, weil nach anderen Beobachtern auch in
vibrierenden Zellkörpern fadenförmige Dehnungsstreifen
vorhanden sind, die eine Fortführung der Zilien zu sein
scheinen und die sich durch das Protoplasma der Zelle über
die ganze Länge ziehen.[13]

Wir können zu dieser direkten Beobachtung noch einige
andere Tatsachen hinzufügen, die zeigen, dass die
vibrierenden Zilien tatsächlich Verlängerungen des Plasmas

---

12   S. Pflüger's Arch., Bd. XXIII, 1880.

13   Rouget, *Revue Scientifique.* 15. März 1884.

sind. Unter der Wirkung von Reagenzien wirken die Zilien wie das zelluläre Protoplasma. Sie gerinnen durch Säuren und werden von schwachen Alkalien gelöst, während die Zellwand eine größere Resistenz gegen dieselben Agenzien bietet.

Diese vibrierenden Anhängsel sind nicht ohne Ähnlichkeit mit den Pseudopodien der nackten Zellen. Dujardin, ein französischer Naturforscher, zeigte dies bereits im Jahr 1835, obwohl seither Anstrengungen unternommen wurden, die Ehre dieser Entdeckung einem Deutschen zu verleihen.[14] Dujardin hat bewiesen, dass die amöboide Bewegung und die Ziliarbewegung nur zwei Manifestationen der kontraktilen Kraft des Protoplasmas sind. Tatsächlich, wenn wir anstatt einen Pseudopodus mit gelappten Umrissen, wie jener der Amöbe, zu untersuchen, die schlanken und fadenförmigen Pseudopodien der *Foraminiferen* beobachten, so sehen wir, dass das Ende der Faser durch dieselbe Vibrationsbewegung wie das vibrierende Cilium bewegt wird.

Es sind alle Übergänge ausgehend von den feinen und zarten Zilien bis hin zu den großen Zilien beobachtet worden, die sich wie ein Stilett verjüngen und Wimpern (Cirri) genannt werden. Außerdem werden diese Wimpern aus agglutinierten Zilien gebildet. Mithilfe bestimmter Reagenzien wurden sie aufgelöst.

Die Beobachtung eines Aufgusstierchens, das *Didinium nasutum* (siehe die Illustration unten), die von Balbiani angestellt wurde, zeigt, dass die Bewegung der Wimpern nicht einer unwillkürlichen Bewegung gleicht, wie die der Zilien eines Vibratilepithels, mit dem sie oft verglichen worden ist, sondern dass sie vollständig dem Willen des Tieres unterworfen ist, wie die Fortbewegungsorgane von Tieren, die einer viel höheren Organisation angehören.

---

14   siehe *Annales des Sciences Naturelles*, 1835, Bd. IV, S. 348 und 361.

Fig. 1. — *Didinium nasutum* (Balbiani) Abbildung der Bewegung vorwärts. Die Zilien sind alle zum Vorderteil des Körpers gewandt.

Fig. 2. — *Didinium nasutum* (Balbiani). Umriss der Bewegung rückwärts. Die Zilien sind alle dem Rückenteil des Körpers zugewandt.

Fig. 3. — *Didinium nasutum* (Balbiani). Eine Skizze der Rotationsbewegung an einer Stelle. Die Zilien der vorderen Zone sind nach vorn gerichtet, während die der hinteren Zone nach hinten gerichtet sind.

Das *Didinium* hat zwei Reihen gleicher und ziemlich starker, vibrierender Zilien, die quer um den Körper in Form von zwei Bändern oder Kronen angeordnet sind. Der Rest des Körpers dieses Tieres ist vollständig von Zilien befreit, aber sein doppeltes Vibrationsband genügt, um es ihm zu ermöglichen, die schnellsten und verschiedensten Manöver im Wasser auszuführen. Es schwimmt nicht nur mit Leichtigkeit nach vorn und nach hinten, sondern das Fortschreiten in beiden Richtungen ist stets von einer raschen Rotationsbewegung um seine Längsachse begleitet, ähnlich wie bei anderen Infusorien, die einen zylindrischen Körper haben. Die beiden Reihen der Wimpern arbeiten während der Fortbewegung immer zusammen, und die Richtung, die das Tier ihnen gibt, bestimmt die Richtung, in die es sich bewegen möchte.

Bei der Bewegung nach vorn sind alle Zilien auf den vorderen Teil des Körpers gerichtet (Fig. 1). Wenn es nach hinten schwimmt, werden sie umgekehrt (Fig. 2). Auf diese Weise durchquert das Infusorium ruckartig schnell das Gesichtsfeld. Von Zeit zu Zeit hört es plötzlich damit auf, sich ununterbrochen vorwärts zu bewegen und fängt an, sich rasch um seine Achse auf der Stelle zu drehen, während die bewimperten Zonen das Wasser in entgegengesetzte Richtungen schlagen, wobei die vorderen Zilien nach vorne gedreht sind, und die hinteren nach hinten (Fig. 3).

Dies hat zur Folge, dass die Wirkungen dieser kleinen Beinchen sich in gleicher Weise wie zwei in entgegengesetzter Richtung arbeitende Spiralen neutralisieren, während sich das Tier stationär die ganze Zeit rasch um sich selbst, manchmal horizontal, manchmal auch vertikal, um seine konischen Anhängseln dreht, genau wie um eine Achse.

Bestimmte Infusorien, zum Beispiel die *Condylostoma patens*, welche von Maupas sorgfältig studiert worden sind, besitzen beide Arten von Anhängseln, die Zilien und die Cirri (große Wimpern). Erstere, die die dorsale Oberfläche des Tieres bedecken, sind fein, sehr dicht und durch eine schnelle und unaufhörliche Schwingbewegung belebt. Die Cirri, die die bauchseitige Fläche bedecken, sind einzeln jede für sich. Außerdem vibrieren sie nicht schnell. Ihre Bewegungen sind langsam, und wenn das Aufgusstierchen vorrückt, kann man sie auf der Glasplatte sich sukzessive bewegen und nach Art eines Fußes unterstützen sehen, um den Körper voranzutreiben. Wenn das Tier stillsteht, sind die Cirri absolut unbeweglich, während die Zilien ihre vibrierende Bewegung fortsetzen.

Diese Beobachtung, die ebenso bei der *Oxytricha* (Borstentierchen) gemacht werden kann, zeigt, dass die vibrierenden Zilien die Organoide der unwillkürlichen Bewegung sind und dass die Cirri dem Willen direkter unterworfen sind. Das zeigen auch die Experimente von Rossbach[15], der das Phänomen unter dem Einfluss eines Temperaturabfalls (von +15 auf +4) oder Temperaturanstiegs (von +35 auf +40) oder auch unter dem Einfluss verschiedener chemischer Substanzen

---

15   Siehe Arbeiten aus dem zoolog. Institut in Würzburg, herausgegeben von Prof. C. Semper, Bd. I. . S. 9, 1872.

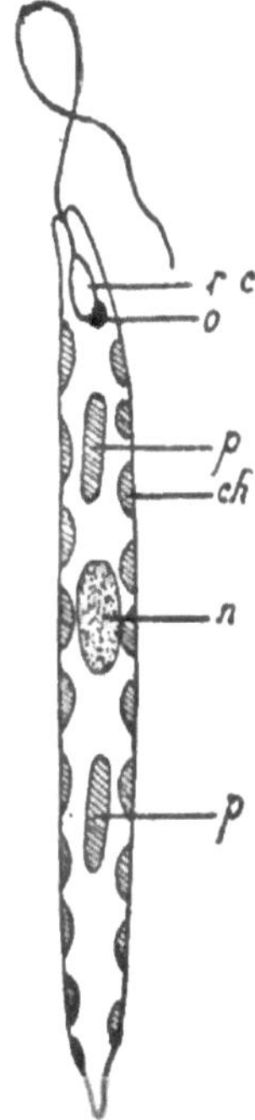

Fig. 4 : Augentier-
chen *(Euglena)*.
r.c. - kontraktiles
Reservoir; o. - Auge;
p. - Scheibe aus
Paramylon; ch. -
Chromatophoren;
n. - Kern.

beobachtet hat. Die großen Wimpern, die Organoide der absichtlichen Bewegung, wurden gelähmt, während die feinen und zarten Zilien, die anscheinend nicht unter dem Einfluss des Willens stehen, ihre Bewegungen fortsetzten.

Bei anderen Arten finden sich in der vorderen Extremität des Körpers und auch dahinter nach vorn gerichtete Flagellen (Geißeln) oder schwanzähnliche Fasern, die zur Rückseite gedreht sind. Dies wird bei der Gattung *Trichomonas* beobachtet. Die vorderen Flagellen dienen der Fortbewegung, möglicherweise auch der Nahrungsergreifung. Die hinteren Geißeln sind dagegen nur Bewegungsorgane. Sie ähneln einem hinteren Schwanz und haben die Funktionen eines Ruders. Im Vorbeigehen können wir die große morphologische Ähnlichkeit zwischen den Flagellaten[16] und den Spermatozoen[17] der Tiere, den Antherozoen und den Zoosporen der Pflanzen hervorheben. Die Antriebsorgane dieser Wesen sind dieselben.

Das Protozoon (einzelliges Urtierchen) mit seinem Flagellum führt die verschiedensten Bewegungen aus und bewegt sich zuerst in eine Richtung, dann in eine andere und zwar in verschiedenen Ebenen. Manchmal wendet sich das Tier vollständig um. Aber am häufigsten, wenn es das Flagellum als Greiforgan nutzt, streckt es dieses auf seine volle Länge vor sich aus. Der Teil an der Basis bleibt völlig un-

---

16 **Flagellaten** (lat. *flagellum* ‚Peitsche, Geißel‘) sind einzellige Organismen mit einer oder mehreren Geißeln am Vorderende als Bewegungsorganellen, mit 1—2 pulsierenden Vakuolen. Die Ernährung ist tierisch, saprophytisch, parasitisch oder holophytisch (pflanzlich).

17 **Spermatozoiden** sind männlich aktiv bewegliche Fortpflanzungszellen.

beweglich und starr, während das freie Ende allein Bewegungen ausführt, die dazu bestimmt sind, Nahrung dem Mund, der sich gewöhnlich an der Basis des Flagellums befindet, zuzutreiben. Ehrenberg gibt dem Flagellum den Namen Rüssel. Seine besondere Mobilität macht diesem Namen alle Ehre. Das Flagellum ist, wie das vibrierende Cilium, eine Erweiterung des Protoplasmas durch die umgebende Membran.

Der Biologe A. Certes der Pariser *Académie des Sciences* hat ein Protozoon beobachtet, dessen Flagellum manchmal zurück in die Körpermasse eintrat, mit der es verschmolz und durch einen Pseudopodus ersetzt wurde, der sich bald abschwächte und wieder die Form eines Flagellums annahm.

Die Zoologe Otto Bütschli (1848 – 1920) hat eine sehr interessante Beobachtung über dieses Bewegungsorganoid gemacht. Unter Umständen werfen die *Peridinia* (Dinoflagellaten) ihr langes Flagellum ab und treten in einen Zustand der Ruhe ein. Sie erzeugen das Flagellum völlig mühelos. Beim *Glenodinium cinctum* hat Bütschli gesehen, wie das Flagellum sich zunächst wie eine Korkschraube aufgerollt und dann plötzlich vom Tier gelöst hat.[18] Nachdem es frei ist, rührt es für einige Minuten im Wasser, bevor es regungslos wird. Diese Beobachtung macht es möglich, jene Naturforscher zu widerlegen, welche glauben, dass das vibrierende Cilium ein Fortsatz der Zellwand sei, indem sie die Tatsache vorbringen, dass die Zilien sich weiterbewegen, wenn sie sich von dem Teil der Zellwand trennen, in die sie eingebettet sind. Wir haben gerade gesehen, dass sich auch das Flagellum weiterbewegt, nachdem es von der Zellwand getrennt ist. Diese Beharrlichkeit der Bewegung wird durch die protoplasmatische Natur der Zilien und des Flagellums hinreichend erklärt.

---

18   siehe *Morphologisches Jahrbuch*, Bd. X. 1885, S. 534.

Die Betrachtung von Bütschli gibt uns aus einem anderen Blickwinkel ein merkwürdiges Beispiel für die Autotomiephänomene, die von Frédéricq untersucht worden sind.

Die Pseudopodien, die Vibrationszilien und das Flagellum bilden die drei motorischen Organoide, die am häufigsten im Reich der Protisten[19] vorgefunden werden. Unter den Infusorien sind darüber hinaus besondere Unterschiede des Protoplasmas beschrieben worden, die mit den Muskelfasern der höheren Tiere verglichen werden können. Die Glockentierchen (Vorticellidae) werden durch kontraktile Stiele unterstützt.

Diese sind Fasern, die in der Lage sind, sich in Form eines Korkenziehers zu rollen, wenn das Tier gestört wird. Bestimmte Infusorien können die Form ihres Körpers durch eine plötzliche Kontraktion verändern: Sie werden *metabolisch* genannt, wie die Trompetentierchen (*Stentor*), die *Prorodone* (Wimpertierchen mit eiförmigem Körper), die *Spirostomen* (Wimpertierchen mit zylindrischem, lang gestrecktem Körper). Im Gegensatz dazu sind diejenigen, die ihre Form nicht verändern, zum Beispiel die Pantoffeltierchen (*Paramecium*), ametabolisch genannt worden. Nach den Beobachtungen von Lieberkühn, die bis ins Jahr 1857 zurückreichen, werden die metabolischen Infusorien durch große, mit hellen Fasern durchzogene körnige Streifen unterteilt. Man hat sich gefragt, welches das kontraktile Element ist: Ist es der Streifen oder ist es die Faser? Oscar Schmidt, Kölliker, Stein und Rouget denken, dass der Streifen das kontraktile Element ist. Diese Ansicht beruht auf folgender Tatsache, die Rouget als Erster beobachtete: In dem Augenblick, in dem das Tier sich zusammenzieht, präsentieren die Streifen Querstriche. Diese Erscheinung ist darauf zurückzuführen, dass die Streifen im Ruhezustand kleine Körnchen enthalten, die bei

---

19   Die **Protisten** sind eine Gruppe nicht näher verwandter ein- bis wenigzelligen Lebewesen. Dazu gehören Algen, Protozoen (einzellige Urtierchen) und einige Pilze.

der Kontraktion des Tieres in Querreihen angeordnet sind, wie die Bowman–Brückeschen *Sarcous elements*[20].

Lieberkühn, Greef und Engelmann schreiben den aktiven Teil den hellen Fasern zu[21]. Engelmanns Meinung beruht darauf, dass er in der Faser die Eigenschaft der Doppelbrechung erkannt hat, die ihm zufolge zu allen kontraktilen Substanzen gehört, während die Substanz, welche die Fasern trennt, nur eine Einfachbrechung aufweist.

Wie dem auch sei, es ist eines dieser beiden Elemente, das die Fähigkeit zur Kontraktion besitzt und das den Namen *Myophaene* (kontraktile, Muskelfibrillen-ähnliche Gebilde) verdient, den ihm Haeckel gegeben hat. Es ist sehr bemerkenswert, dass bei den Stentoren und den Spirostomen die faserartigen Dehnungsstreifen in engem Zusammenhang mit dem bauchseitigen Ende der Vibrationszilien stehen.

Bei den Glockentierchen kann man deutlich erkennen, dass die Fasern zur Achse des Stils hin zusammenlaufen, deren kontraktiles Element sie bilden.

Wir werden das Studium der motorischen Organoide nicht verlassen, ohne ein Wort über die rhythmischen Bewegungen zu sagen, die man in dem kontraktilen Vesikel[22] der Mikroorganismen sehen kann, sowohl bei den pflanzlichen als auch bei den tierischen. Diese Blase ist ein kleiner Hohlraum im Protoplasma, der abwechselnd seine Kapazität erhöht und verringert. Wissenschaftler stimmen in keiner Weise mit ihrer exakten Funktion überein; Bütschli und Stein hielten sie sogar für einen geheimnisvollen Apparat. Ihre Pulsationen sind äußerst regelmäßig. Die Frequenz ist bei jeder Spezies (Art) konstant.

---

20 Vgl. *Handbuch der Physiologie*, Ludimar Hermann (Hrsg.), Leipzig 1879, S. 22, 248, 267, 288

21 s. Pflügers Arch., 1876.

22 **Vesikel** sind in der Zelle gelegene, sehr kleine, rundliche bis ovale Bläschen, die von einer Membran oder einer netzartigen Hülle aus Proteinen umgeben sind.

Beim *Chilodon cucullulus* tritt eine Pulsation alle zwei Sekunden auf, im *Crytochium nigricans*, alle drei Sekunden, in den Glockentierchen alle acht Sekunden, in den *Euplotes*, alle achtundzwanzig Sekunden, in der *Acineria incurvata*, alle sechs Minuten.

Rossbach, dessen neugierige Experimente mit den vibrierenden Zilien und den bereits zitierten Cirri, hat analoge Versuche mit kontraktilen Vesikeln gemacht. Er beobachtete besonders, dass unter der Einwirkung von Alkaloiden das kontraktile Bläschen in der Entspannungsphase zu pulsieren aufhörte und enorm expandierte. Aber giftige Mittel wirken nicht schlagartig auf die Bewegungen der Bläschen. Sie beginnen mit der Lähmung der größeren Zilien, die unter dem Einfluss des Willens stehen. Die Bewegungen der Bläschen, wie die der kleinen Wimpern, bleiben für eine viel längere Zeit bestehen. Emile Maupas hat gesehen, wie Pantoffeltierchen (Paramecia) durch eine Entleerung der Trichozysten[23] getötet wurden. Sie wurden völlig unbeweglich, ihre vibrierenden Zilien inaktiv und starr, während die kontraktilen Bläschen mit der gleichen Tätigkeit fortfuhren und eine Stunde lang weiter pulsierten.

Wir haben jetzt die Morphologie der motorischen Organoide der Mikroorganismen kurz untersucht.

Es ist sehr schwierig, den physiologischen Prozess der von diesen Organoiden erzeugten Bewegungen zu bestimmen. Die einfachsten Bewegungen und die am leichtesten verständlichen sind diejenigen, durch die eine Zelle plötzlich und stark gereizt ihre Verlängerungen zurückzieht und eine sphärische Form annimmt. Diese Formveränderung kann durch eine schnelle Verdichtung des Protoplasmas erklärt werden, das dadurch zum Sitz einer Erscheinung wird, die der eines kontrahierenden Muskels ähnlich ist. Die plötzlichen Form-änderungen, die man bei den sogenannten metabolischen In-

---

23   **Trichozysten** sind fadenförmige, mit Sekret gefüllte Eiweißstäbchen bei Wimpertierchen.

fusorien beobachtet, werden so durch ein analoges Phänomen erklärt, das umso deutlicher auftritt, als die mit diesen Eigenschaften versehenen Infusorien in der kortikalen Schicht ihres Protoplasmas (Ektosark) granulöse Streifen aufweisen, die man mit mehr oder weniger Berechtigung mit den Muskeln höherer Tiere verglichen hat. Die Verlagerungen des Körpers, die durch die Pseudopodien, die Vibrationszilien und durch die Geißeln (*Flagellum*) bestimmt werden, sind viel schwerer zu deuten. Es ist wohl so, dass die Bewegung von den Kontraktionen des Protoplasmas ausgehen, die entweder im Ektosark oder im motorischen Organoid erzeugt werden. Letztere ist von selbst beweglich, wie man beispielsweise sehen kann, wenn sich eine vom Körper getrennte Geißel in der Flüssigkeit fortbewegt.

Bekanntlich sind zahlreiche Diskussionen über die Art und Weise aufgekommen, wie der Stiel, auf dem ein Glockentierchen (*Vorticellae*) befestigt ist, sich zusammenzieht. Noch dunkler ist die oszillierende Bewegung der Bakterien.

Diese kleinen Wesen sind sehr beweglich, wenn sie sich in einer Flüssigkeit befinden. Sie führen häufig eine Schwingbewegung aus, die sie manchmal nach vorn, bald nach hinten trägt. Es ist der Versuch gemacht worden, diese Bewegungen durch Postulierung von Bewegungsorganoiden zu erklären, etwa äußerst schlanke Filamente, die an einer der Extremitäten der Bakterien wie kleine Stäbchen aufgesetzt sind. Aber die Existenz dieser Organoide ist nicht absolut bewiesen. Noch dunkler ist die Bewegung, die bei bestimmten *Gregarinen*[24] beobachtet wird. Es scheint so, dass man bei diesen Tieren, die oft eine beträchtlicher Größe haben, das Prinzip ihrer Bewegungen viel leichter verstehen kann als bei solch kleinen Wesen wie den Bakterien, aber das ist nicht der Fall. Die

---

24 Gregarinen sind wurmförmig gestreckte Schmarotzer im Darm u. in den Geschlechtsorganen wirbelloser Tiere.

Polyzystideen[25] haben eine sehr eigene Art sich zu bewegen. Die Bewegung ist eine vollkommene Translation, gleichförmig und geradlinig. Das Tier scheint sich ein Stück über die Objektplatte zu schieben. Es kann nach rechts, nach links gehen, anhalten, seine Bewegung wieder aufnehmen und frei lenken. Währenddessen sieht man nichts, weder im Körperinneren noch außen, was die Bewegungen verursacht. Ein analoges Phänomen ist bei den Kieselalgen (*Diatomeen*) zu beobachten. Einige Wissenschaftler wollten die geheimnisvolle Bewegung durch die von Gregarinen ausgeführte Translation erklären, weil sie auf einer unmerklichen Schwankung des Sarkodes[26] beruhe. Aber wenn es irgendwelche Wellenbewegungen gäbe, müsste man eine korrelative Bewegung der Körnchen im Inneren beobachten. Dies ist aber etwas, was noch nie gesehen wurde.[27]

So existiert noch eine große Unklarheit über die Prinzipien, die die Bewegung unter den Proto-Organismen bestimmen. Die Theorien, die auf der Muskelkontraktion beruhen, wie bei den höheren Tieren sind keineswegs ausreichend, um die Phänomene der Motilität bei bestimmten Protozoen und Protophyten zu erklären.

3.4 Diffuses reizbares System

Bisher ist nicht die geringste Spur eines Zentralnervensystems in irgendeinem Protoorganismus gefunden worden. Die Nervenfunktion dieser untergeordneten Wesen geht vom Protoplasma aus, das reizbar ist, das fühlt und sich bewegt, und die bei gewissen Arten, wie wir später sehen werden, sogar in der Lage ist, gewisse psychische Akte auszuführen, deren Komplexität weit außerhalb des

---

25   Polycystideen sind eine Gruppe der Gregarinen. Ihre Körper sind durch eine ringförmige Einschnürung geteilt,

26   Die Sarkode ist das Protoplasma eines Einzellers.

27   siehe Balbiani, *Leçons sur les Sporozoaires*.

Verhältnisses zu der winzigen Menge wahrnehmbarer Materie zu liegen scheint, die als Medium für diese Phänomene dient.

Man kann sich darüber hinaus auch nur wundern, dass eine undifferenzierte Masse Protoplasma in der Lage sein sollte, die Funktionen eines echten Nervensystems auszuüben. Tatsächlich ist jede Nervenzelle nichts anderes als das Produkt der protoplasmatischen Differenzierung. Das Protoplasma verkörpert in sich selbst alle Funktionen, die im Laufe der evolutionären Entwicklung bei den plurizellulären Organismen verschiedenen Zellen zugewiesen worden sind.

Man hat also zu Recht festgestellt, dass, wenn kein anatomisch differenziertes Nervensystem, in Protoorganismen vorliegt, ihr Protoplasma ein diffuses reizbares System enthalten muss, das die Nervenfunktion ausübt. Unter all den Beobachtungen, die diese Hypothese unterstützen, müssen wir eine zitieren, auf die Professor Gruber aus Freiburg im Breisgau aufmerksam gemacht hat. Diese Beobachtung wurde bei einem großen Trompetentierchen, dem Stentor, gemacht, von dem im Folgenden oft gesprochen wird, sodass es von Vorteil ist, hier eine vollständige Beschreibung davon zu geben.

Der Stentor hat einen lang gestreckten vorne trichterförmig erweiterten Körper, der in der Lage ist, sich mit seinem vorderen Ende zu befestigen.

Der Rand seines Peristoms[28] wird durch einem Streifen aus vibrierenden Zilien bedeckt, der in Form einer Spirallinie angeordnet ist. Der Mund befindet sich an der tiefsten Position der trichterartigen Einstülpung des Peristoms.

---

28 Als Mundfeld oder **Peristom** bezeichnet man in der Zoologie die Umgebung der Mundöffnung von tierischen Lebewesen.

Der Körper des Tieres ist längs gestreift. Auf der Höhe des Peristoms nehmen diese Streifen eine andere Richtung ein: Sie verlaufen transversal und spiralförmig. Im Inneren des Protoplasmas kann man eine kontraktile Vakuole, einen Kern sowie eine Perlenschnur beobachten, die aus einer großen Anzahl von Körnern besteht. Dieses Aufgusstierchen vermehrt sich wie alle Wimpertierchen (*Ciliata*) durch Zellteilung. In der Mitte des Körpers sieht man eine Einschnürung. Das Segment unterhalb der Einschnürung erzeugt ein Peristom ähnlich dem des oberen Segments. Dann formt sich eine zweite pulsierende Vakuole, und bald bilden die beiden Segmente zwei vollständige Tiere, die alle ihre eigenen Organoide besitzen. Dennoch bleiben die beiden Stentoren für eine gewisse Zeit durch eine Materiebrücke vereint, die sich auch an der Stelle befindet, wo die Einschnürung stattfand. Diese materielle Verbindung wird allmählich dünner und dünner und so fein wie ein Faden (siehe Fig. 5.). Nun hat Gruber bemerkt, dass die beiden Stentoren, die durch diese Brücke aus Protoplasma vereinigt sind, eine vollkommene Harmonie ihrer Bewegungen zeigen. Sie schwingen zur gleichen Zeit immer in dieselbe Richtung. Und diese Harmonie ist notwendig, weil die geringste Gegenbewegung genügt, um die schwache Verbindung, die sie verbindet, zu brechen. Außerdem schlagen ihre vibrierenden Zilien im Einklang.

Fig. 5. Stentor im Prozess der Teilung.

Um diese Übereinstimmung der Bewegungen beider Tiere zu erklären, nimmt Gruber an, dass die ganze Masse ihres Protoplasmas die Funktion eines diffusen reizbaren Systems erfüllt, das die Wirkung hat, ihre Bewegungen zu regulieren und zu harmonisieren.

Wir können hinzufügen, dass die Infusorien nicht nur ein diffuses reizbares System, sondern notwendigerweise besondere Reizzentren besitzen, die mit verschiedenen Funktionen ausgestattet sind.

Man wird sich daran erinnern, dass unter dem Einfluss bestimmter Giftstoffe der Tod nicht gleichzeitig in allen Teilen des Organismus stattfindet. Was zuerst aufhört, sind die freiwilligen Bewegungen der großen Zilien. Die Bewegungen der kleinen Wimpern können viel länger andauern. Und schließlich, wenn alle Zilien unbeweglich und starr geworden sind, sieht man die Vesikel noch für eine Stunde pulsieren. Dieser allmähliche Tod erinnert an das, was wir bei den Wirbeltieren bemerken. Unter dem Einfluss von Giftstoffen stirbt zuerst das Gehirn, dann folgt das Rückenmark und zuletzt das übrige Mark (*Medulla*), welches das Letzte ist, was stirbt (*ultimum moriens*).

3.5 Die Sinnesorgane

Alle Mikroorganismen sind mit Empfindungsvermögen ausgestattet. Einige, wie die Infusorien, haben ein außerordentlich feines Empfinden. Aber bisher wurden anatomisch differenzierte Sinnesorgane nur in einer sehr kleinen Anzahl von Arten gefunden. Allgemein werden die protoplasmatischen Ausdehnungen, die wir oben unter dem Namen Pseudopodien beschrieben haben, als die Funktion der rudimentären Berührungsorgane betrachtet, die dem Mikroorganismus die Gegenwart von Gegenständen, die auf seinem Weg liegen, verraten. Aber diese Pseudopodien, die zugleich als motorische Apparate dienen, zeigen keine Struktur, die speziell zur Aufnahme von Sinneseindrücken passen.

36

Ähnlich betrachtet Stein die Vibrationszilien als Berührungsorgane. Da es sich um Organoide handelt, die keiner Differenzierung unterworfen sind, werden wir nicht aufhören, sie zu berücksichtigen. Die Infusorien, die zur Gattung *Cryptochilum* (Maupas) gehören, tragen an ihrer hinteren Extremität eine lange starre Borste, die Maupas als ein Berührungsorgan ansieht, das dem Tier die Annäherung anderer Infusorien verraten soll.

Wir werden ausführlicher über das Sehorganoid sprechen. Es ist das Thema zahlreicher Abhandlungen, von denen einige von größtem Interesse für die allgemeine Physiologie und Psychologie sind. Von allen Sinnesorganen ist das Auge das, was sich zuerst differenziert hat. Es findet sich sowohl in den Organismen des Pflanzenreiches als auch in denen des Tierreiches. Während die kleinen Wesen anscheinend kein Organoid besitzen, das durch seine Struktur für den Empfang von taktilen, olfaktorischen oder geschmacklichen Eindrücken besonders angepasst ist, weist bereits eine große Anzahl von ihnen einen Augenfleck auf, d. h. ein differenziertes Organoid, zum Zweck des Sehens und für keinen anderen Zweck.

Zuerst wenden wir uns dem Auge der Protozoen zu.

Es ist hauptsächlich die Gruppe der Flagellaten und vornehmlich bei den Spezies, die durch Chlorophyll (z. B. die *Euglenae*[29]) grün gefärbt sind, dass jene Augenpunkte gefunden werden. Diese Flecken, die hellrot gefärbt sind, zeigen sich bei einer Beobachtung sehr deutlich, denn sie setzen sich ab durch das ungefärbte Plasma des vorderen Körpers, wo sie sich gewöhnlich befinden.

Augenförmige Flecken finden sich auch bei den durch gelbes Chlorophyll gefärbten Spezies (*Uroglena volvox* etc.). Im Allgemeinen gibt es nur einen Punkt, der sich am Fuß des Flagellums befindet. Dieser tritt vor allem bei der *Euglena*

---

29   **Euglena** ist eine Gattung der Geißelinfusorien (Flagellaten), im Süßwasser und marin vorkommend.

viridis auf. Das ist ein kleines Flagellat-Aufgusstierchen, welches in frischem Wasser, das oft von einer dicken grünen Schicht bedeckt ist, reichlich vorkommt.

Im Kolonien bildenden Flagellat *Synura uvella* gibt es bei jedem einzelnen Tierchen im vorderen Teil des Körpers zwei bis zehn Flecken.

Im Folgenden zeigen wir eine Darstellung der vorderen Extremität der *Euglena Ehrenbergii* nach Klebs. In der Nähe des kontraktilen Reservoirs ist ein großer Augenfleck bemerkbar. Ehrenberg, getäuscht durch das Auftreten dieser beiden Organoiden, hatte das kontraktile Reservoir für eine Nervenzelle gehalten.

Nicht nur in der großen Gruppe der Protozoen findet man die roten Flecken. Diese gibt es auch unter den pflanzlichen Mikroorganismen. Eine große Anzahl von grün gefärbten Zoosporen zeigt an der vorderen und meist farblosen Extremität ihres Körpers einen kleinen roten Punkt, der genau dieselbe Struktur zu haben scheint wie der rote Fleck der Euglenae. Es war diese Tatsache, auf die Stein seine Meinung gründete, dass der Fleck der Euglena kein Auge sei. Ihm schien es unmöglich zuzugeben, dass die pflanzlichen Proto-Organismen ein visuelles Organoid besitzen könnten. Dies ist ein ausgezeichnetes Beispiel für eine *a priori* Argumentation.

Später werden wir sehen, dass man Steins Auffassung völlig aufgegeben hat. Es wird die genau entgegengesetzte Ansicht vertreten, denn das Auge eines Protisten gilt als dazu bestimmt, hauptsächlich eine pflanzliche Funktion zu erfüllen.

Klebs war in der Lage, die Struktur der Augenflecke zu

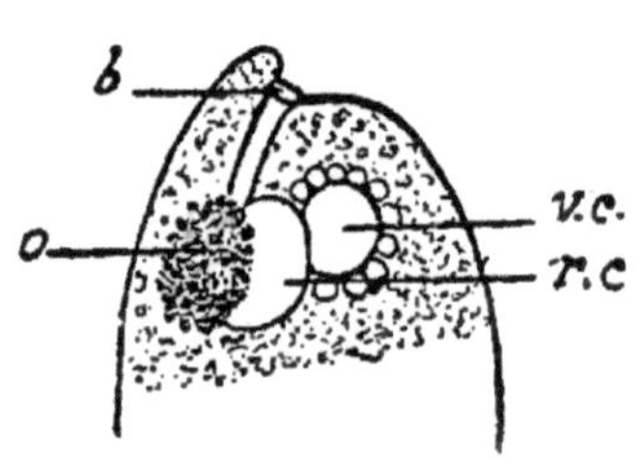

Fig. 6 - Hinteres Ende der Euglena Ehrenbergii (nach Klebs). b. = Mund und Speiseröhre, o. = Auge, v. c. = zusammenziehbares Vesikel, r. c. = zusammenziehbares Reservoir.

studieren, indem er eine geniale Kunstfertigkeit einsetzte. Bei der Behandlung der Euglenae mit einer Meersalzlösung im Verhältnis von einem Teil zu einhundert wird eine enorme Ausdehnung des zusammenziehbaren Vesikels (Bläschens) induziert, das eine Hohlform im Protoplasma des Tieres bildet. Jetzt, da der rote Fleck sozusagen an die Blase klebt, erfährt dieser dieselbe Ausdehnung wie die Letztere, wodurch die Beobachtung wesentlich erleichtert wird. Nach so einer Behandlung wurde beobachtet, dass der Fleck eine kleine scheibenförmige oder dreieckige Masse mit gezacktem und unregelmäßigem Umriss ist. Er besteht aus zwei Materialteilen. Die Basis bildet eine kleine Masse netzförmigen Protoplasmas. In den Maschen des Protoplasmas sind kleine rot gefärbte Tropfen einer öligen Substanz enthalten.

Dieses rote Pigment, welches den Namen des Hämatochroms erhalten hat, ist nicht ohne Ähnlichkeit zum grünen Pigment des Chlorophylls, da dieses unter bestimmten Bedingungen rot wird. Zum Beispiel wird das Chlorophyllpigment, das den gesamten Körper des *Hämatococcus pluvialis* füllt, rot, wenn das Tier in einen Ruhezustand eintritt. Die abgestandenen Sporen der Algen nehmen ebenfalls eine rote Färbung an. So sind in vielen Pflanzen die Blütenteile, die rot werden sollen, zunächst grün, solange sie in der Knospe eingeschlossen sind. Es ist also anzunehmen, dass das rote Pigment der Euglenoide aus einem grünen Pigment stammt.

Was ist die physiologische Bedeutung dieser Flecken? Ehrenberg betrachtete sie als Augen. Daher der Name Euglena (wörtlich: hübsches Auge), den er einer Art von Flagellaten gegeben hatte, die mit Augenflecken versehen sind. Diese Interpretation wurde von den Autoren seiner Zeit, insbesondere von Dujardin, infrage gestellt.

Andererseits sind aber Naturforscher infolge von Beobachtungen, die an anderen Mikroorganismen gemacht worden sind, die ein vollkommeneres Auge besitzen, zu Ehrenbergs Ansicht zurückgekehrt.

Der französische Naturforscher Georges Pouchet (1833 – 1894) hat im *Glenodinium polyphemus*, das zur Gattung Peridinia (oder Dinoflagellaten nach der Klassifikation von Bütschli) gehört, ein Auge entdeckt, über dessen Funktion es keinen Zweifel geben kann[30].

Dieses Auge nimmt einen festen Platz in der Zelle des Peridiniums ein. Es hat eine einheitliche Lage und Position. Es besteht aus zwei Teilen, der eine Teil ein wahrer kristallklarer Glaskörper und der andere eine wahre Aderhaut. Der Kristall ist ein stark brechender, transparenter, keulenförmiger Körper, der an seinem freien Ende gerundet und stets nach vorne gerichtet ist, während das andere Ende in die Pigmentanhäufung eintaucht, welche die Aderhaut darstellt. Letzteres ist eindeutig bestimmt. Die Pigmentanhäufung bildet eine Art halbkugelförmige Kappe, die das hintere Ende des Glaskörpers umhüllt. In einer der beiden Formen von *Glenodinium polyphemus* ist das Aderhautpigment rot, in der anderen ist es schwarz.

Pouchet konnte feststellen, dass bei Jungtieren der Glaskörper zuerst aus sechs bis acht lichtbrechenden Kugeln gebildet wird, die ineinander verflochten sind, um schließlich eine einheitliche Masse zu bilden. Auch die Aderhaut ist das Ergebnis einer Kombination der Pigmentgranulate, die sich zunächst spärlich zusammenschließen und schließlich die halbkugelförmige Kappe bilden, die das hintere Ende des Glaskörpers bedeckt.

Tatsächlich besteht das Sehorgan dieses Peridiniums aus genau denselben Teilen wie das Auge eines vielzelligen Tieres (Metazoon) mit einer Ausnahme, dem Fehlen des Nervenelements.

---

30   siehe *Comptes rendus de l'Acad. des Sciences*, 2. November 1886, Nr. 18.

40

Das Auge ist aber keineswegs differenziert, sondern diffus, wie das ganze reizbare System. Pouchet weist auf das Interesse hin, das seine Beobachtung aus taxonomischer Sicht bietet. Die Peridinia gehören zu den Pflanzen. Das Vorhandensein von Stärke und von Zellulose in ihrem Protoplasma hat die Erwärmung bewirkt, die zur Klassifizierung unter *Diatomaceae* und *Desmidiaceae* geführt hat. Es wird heute anerkannt, dass gewisse Peridinia ein Auge besitzen, eine abgegrenzte Funktionseinheit, die als das ausschließliche Attribut von Tieren betrachtet wurde. Nichts deutlicher unterstreicht den künstlichen Charakter der Unterscheidung zwischen Tieren und Pflanzen als die Ergebnisse des Umgangs mit Mikroorganismen.

Bevor wir die Peridinia verlassen, wollen wir bemerken, dass diese kleinen Wesen aus der Sicht der Geschichte der Protozoen eine interessante Tatsache liefern. Sie sind mit einem langen Flagellum versehen. Sie weisen außerdem eine äquatoriale Linie auf, auf der man sich eine früher vorhandene Krone schwingender Zilien denken kann. Diese angenommene Koexistenz eines Flagellums mit Zilien hatte die Naturforscher dazu veranlasst, eine Gruppe von Cilioflagellaten zu bilden, die als Übergangsgruppe zwischen den Flagellaten und den rechtmäßig sogenannten Wimpertierchen (Ciliata) fungieren sollte. Seitdem ist entdeckt worden, dass die Peridinia keine vibrierenden Zilien besitzen. Was zu diesem Fehler geführt hat, ist das Vorhandensein eines zweiten Flagellums auf der eben beschriebenen Querlinie. Die Bewegungen dieses Flagellums haben das Aussehen vibrierender Zilien in Bewegung.

Einige Zeit vor den Untersuchungen von Pouchet hatte der Biologe Künstler[31] von Bordeaux in einem Flagellat der Gattung *Phacus* ein rotes Auge entdeckt, das ebenfalls aus

---

31 Künstlers Name ist verbunden mit der Beschreibung einer Gattung. Im Jahre 1882 und 1883 beschrieb er einen Organismus in Kaulquappen ("G. agilis"), die er Giardia nannte, zum ersten Mal wurde Giardia als Gattungsname verwendet.

zwei Teilen besteht. Es besteht aus einem homogenen Kügelchen, das als kristallklarer Glaskörper dient, und von einem roten Pigment umgeben ist, welches den Teil der Aderhaut bildet.

Davor hatten Künstler, Claparède und Lachmann in ihrer bedeutenden Arbeit über Infusorien und Rhizopoden ein ähnliches visuelles Organoid in der *Freia elegans* beschrieben. Das ist ein bewimpertes Aufgusstierchen der Stentoren-Familie. „Unmittelbar hinter der Teilungsstelle," sagen sie, „findet sich ein intensiv schwarzer sichelförmiger Punkt, der offenbar zur Kategorie jener Phänomene gehört, die Ehrenberg bei den Ophryoglenae zum Beispiel ein Auge oder einen Augenfleck nennt. Die Bedeutung dieser sichelförmigen Stelle ist bisher nicht bekannt. Sie war oft sehr viel dichter als die der Ophryoglenae, und manchmal entdeckte man dahinter ein durchsichtiges Körperchen, das unwillkürlich der Vorstellung eines kristallklaren Glaskörpers entsprach. Wir können diesem Gedanken aber nicht viel Bedeutung beigemessen, weil die Funktionen eines Lichtbrechungsapparates notwendigerweise problematisch bleiben müssen, solange wir dahinter keinen nervösen Apparat finden, der die empfangenen Eindrücke wahrnimmt."

Dieser letzte Schluss scheint uns zu vorsichtig zu sein. Die Koexistenz eines Pigments und eines kristallklaren Glaskörpers reichen aus, um ein Sehorganoid zu charakterisieren. Was den Nervenapparat betrifft, der empfänglich ist, Eindrücke wahrzunehmen, so wird er durch das Protoplasma ersetzt, das bekanntlich lichtempfindlich ist.

Schon zuvor, im Jahre 1856, hatte Lieberkühn bei einem bewimperten Aufgusstierchen, der *Panophrys flavicans*, einen Okularfleck entdeckt, der aus einem konvexen kristallklaren Glaskörper, in Form eines von Pigmenten umhüllten Uhrglases bestand, das auf der konvexe Seite der Vertiefung des Mundes platziert war. In einer anderen Spezies, der

Ophryoglena atra, fand er schwarzes Pigment, aber keinen kristallklaren Glaskörper.

Es ist unmöglich zu glauben, dass diese Organoide keine Augen sind, denn sie haben dieselbe Struktur wie die Augen vergleichsweise höherer Klassen von Tieren, wie gewisse Würmer, Turbellarien, Rotiferen, Krebstiere usw. Alle diese Organoide sind in ähnlicher Weise aus einem kleinen kristallklaren Kügelchen gebildet, das in einer kleinen Masse von Pigmentmaterial eingeschlossen ist. Die Identität der Struktur führt natürlich zur Annahme der Identität von Funktionen.

Das Auge der Euglena ist das Einfachste von allen. Es wird sogar bis auf den maximalen Punkt der Einfachheit reduziert, da es nur aus einem Pigmentfleck besteht. Was uns glauben macht, dass dieser Fleck ein visuelles Organoid ist, ist die Anwesenheit dieses Pigments. In der Tat ist dieses Pigment in den elementarsten Sehorganen gefunden worden. Als zweites Argument könnte vorgebracht werden, dass das rote Pigment der Euglena dieselben Reaktionen zeigt wie das Färbemittel, das die Stäbchen der Netzhaut bei den Wirbeltieren füllt. Von diesen gemeinsamen Reaktionen zitieren wir die Entfärbung unter dem Einfluss des Lichtes (Capranica).

Was auch immer der Fall sein mag, eines ist sicher, dass die Euglenae sehr empfindlich gegenüber Licht sind. Wenn sie in ein Gefäß gehalten werden, sieht man unweigerlich, wie sie die Licht ausgesetzte Seite verdecken. Engelmann hat beobachtet, dass Licht sehr stark auf dieses kleine Tier wirkt[32]. Es wirkt nicht direkt auf die Stelle des Pigmentes, noch wie früher angenommen, auf das Flagellum, sondern auf das Protoplasma, das sich vor dem Fleck befindet. Das spezielle mikroskopische Spektral-Objektglas, das Engelmann konstruierte, lässt erkennen, dass sich die Euglenae immer im Streifen F bis G des Spektrums versammeln.

---

32   vgl. *Bot. Zeitung*, 1881, 1883, 1884, 1886.

Soweit es sich um die pflanzlichen Mikroorganismen handelt, haben wir bereits erwähnt, dass eine große Anzahl der Algen-Zoosporen im vorderen Teil ihres Körpers Augenflecken in schöner Rubinfarbe aufweisen: Das sind Organoide, die wahrscheinlich dieselbe Struktur haben wie die roten Flecken der Euglenae. Darüber hinaus ist es wahrscheinlich, dass bestimmte Mikrophyten komplexere visuelle Organoide besitzen, die aus rotem Pigment und kristallklaren Glaskörpern bestehen. Balbiani hat diese Tatsache im Fall des *Pandorina morum*, einer kugelförmigen Kolonie von grünen Mikroorganismen, bestätigt. In jeder Kolonie gibt es eine gewisse Anzahl von Individuen, die einen roten Fleck besitzen, dessen Gestalt vollkommen kreisförmig ist. Wenn man diesen Fleck unter einem sehr starken Vergrößerungsglas untersucht, kann man leicht sehen, dass es aus einem kleinen sphärischen Kügelchen besteht, deren Oberfläche teilweise mit einer Kappe aus roter Materie bedeckt ist. Diese Beobachtung ist umso interessanter, als sie bei einem Wesen gemacht wurde, dessen pflanzliche Natur heute niemand mehr bezweifelt. Die Pandorina sind Volvocinae, die Botaniker unter die Algen einordnen.

Bei der Beschreibung des Protisten-Auges sagten wir, dass das Auge das einzige Sinnesorgan ist, das bei diesen niederen Wesen deutlich erkennbar ist. Aber vielleicht ist diese Behauptung zu weit gegriffen. Einige Arten scheinen mit kleinen Organoiden bewaffnet zu sein, die leicht mit einer sensorischen Funktion ausgestattet sein könnten. In dieser Hinsicht können wir das *Loxodes rostrum* zitieren, ein schönes mit Zilien versehenes Aufgusstierchen, bemerkenswert wegen seines Rüssels und der Muskelhülle, die den Mund verschließt. Dieses Tier zeigt am Rücken eine Reihe kleiner Organoide, die durch ihre Struktur dazu bestimmt scheinen, bei der Ausübung der Hörfunktion eine Rolle zu spielen.

Sie sind aus einer Blase gebildet, deren Zentrum von einem Strahlen brechenden Kügelchen besetzt ist. Man nennt sie die

44

Bläschen von Müller, nach Johannes Müller, der sie entdeckte. Die bei Würmern und der Coelenterata beobachteten auditorischen Organoide, bestehen offenbar aus einer bläschenartigen Kapsel, welche eine feste Verhärtung umgibt, die Otolith genannt wird. So ist es möglich, dass die Vesikel von Müller Hörbläschen sein können. Bis jetzt ist dieses Organoid in keiner anderen Art von Protozoen gefunden worden.

4. Ernährung

Nach dem Studium der Organoide wollen wir zu einer Untersuchung ihrer Funktionen übergehen.

Es ist nicht unsere Absicht, der Reizbarkeit, dem angeborenen Verhalten, dem Gedächtnis, der Informationsverarbeitung oder den Willenskräften in den Mikroorganismen besondere Kapitel zu widmen. Dies würde zur Weitschweifigkeit der Betrachtung führen. Unsere Methode wird ganz anders sein. Wir beschreiben als Ganzes alle verschiedenen Erscheinungen der psychischen Tätigkeit, welche die Handlungen der Mikroorganismen bei Ausübung der wichtigen Funktionen ihrer Existenz begleiten. Das vorliegende Kapitel widmet sich psychischen Phänomenen, die mit dem Vorgang der Ernährung verbunden sind.

Alle lebende Materie besitzt die Kraft, ihre Masse durch die innere Aufnahme von Materialien fortwährend zu vergrößern und sie gleichzeitig durch die Verbrennung ihrer Substanz mit dem Sauerstoff der Atmosphäre zu verringern. Den ersten dieser Prozesse nennt man Ernährung und den zweiten Atmung.

Wir wollen zunächst die psychischen Erscheinungen untersuchen, welche dem Atemzug vorangehen und bestimmen. Diese Erscheinungen sind oft sehr einfach und von geringer Bedeutung.

Wenn der Mikroorganismus im Wasser lebt, was am häufigsten der Fall ist, so dringt der darin enthaltene Sauerstoff direkt durch die Zell-Oberhaut infolge Dialyse und kommt so mit dem Protoplasmakörper in Kontakt, weshalb der Atmungsprozess nur ein biochemisches Phänomen ist. Aber es kann vorkommen, dass ein kleiner Organismus zufällig in ein Medium mit wenig oder kein Sauerstoff-Gas gelangt. Unter diesen neuen Bedingungen, wo es notwendig wird, sich durch freiwillige Anstrengung und gerichtete Bewegung auf Sauerstoff emittierende Quellen zuzubewegen, wurde entdeckt, dass eine große Anzahl von Mikroorganismen und insbesondere Bakterien in der Lage sind, die Ausdehnungskraft des Sauerstoffs in Flüssigkeiten, in denen sie sich befinden, wahrzunehmen. Wenn Bakterien von verfaulter Materie in einen Wassertropfen gelegt werden, der keinen Sauerstoff enthält, dafür aber Chlorophyllalgen oder grüne Euglenae oder Chlorophylle, die durch Zerkleinern grüner Zellen gewonnen wurden, passiert im ersten Augenblick nichts. Aber wenn das Präparat so beleuchtet wird, dass das Chlorophyll arbeitet, so sieht man, dass die Bakterien sehr schnelle Bewegungen an den Tag legen und gänzlich bis zu den Punkten des Präparates vorrücken, an denen die Erzeugung von Sauerstoff stattfindet, d. h. um die Chlorophyllkörner herum. Unter diesen Bedingungen wird ein chemischer Austausch zwischen dem Chlorophyll und den aeroben Bakterien eingeleitet: Die Bakterien setzen Kohlensäuregas frei und absorbieren Sauerstoff. Das Chlorophyll spaltet den Kohlenstoff von der Säure ab und setzt dabei Sauerstoff frei. Wenn das Präparat verdunkelt wird, hören die Bakterien auf, sich um die Chlorophyllkörner zu versammeln, die, ohne Licht, keinen Sauerstoff mehr freisetzen. Die Zusammenballung beginnt erneut, wenn wieder ein Sonnenlichtstrahl auf das Chlorophyll trifft.

Analoge Sachverhalte wurden unter anderen Verhältnissen etwas anders beobachtet. In einem Präparat aus den Därmen eines Seidenwurms hat Balbiani Bakterien gesehen, die gleichmäßig über alle Punkte der Präparation verteilt waren, um sich bei den grünen und unverdauten Zellen der im Darm enthaltenen Blätter zu sammeln. Die Bakterien vergraben sich in den Blättern, als ob sie von ihnen etwas nehmen. In anderen Fällen hat derselbe Naturforscher beobachtet, dass Bakterien, die sich in einem Tropfen Seidenwurmblut entwickeln, nach einer Weile über den Blutkügelchen sammeln, zweifellos zum Zweck der Aufnahme des von ihnen absorbierten Sauerstoffs.

Aufgrund dieser Tatsachen hat Engelmann die sogenannte Bakterien-Methode etabliert. Er betrachtet Bakterien als lebende Reagenzien, die es ermöglichen, den trillionsten Teil eines Milligramms Sauerstoff zu entdecken, das heißt eine Größe, die nach den Berechnungen der Physiker kaum größer ist als ein Molekül. Diese merkwürdige Methode ermöglicht es uns, biologische Probleme zu erklären, die vorher ungelöst blieben. Vorher war nicht bekannt, ob das farblose Protoplasma der grünen Pflanzen Sauerstoff freisetzt oder nicht. Nun ist dank der Bakterienbekannt, dass Chlorophyllkörnchen die einzigen Punkte sind, an denen die Freisetzung von Sauerstoff stattfindet. Das gleiche Verfahren hat es uns ermöglicht, bei den verschiedenfarbigen Pflanzen zu beweisen, dass die maximale Freisetzung von Sauerstoff mit der maximalen Absorption von Licht zusammenfällt. So sind bei den Grünalgen die roten und die violetten Farben des Spektrums die Flecken, wo die Bakterien sich am dicksten sammeln. Hier ist also die Freisetzung von Sauerstoff am größten. Und diese Farben entsprechen den Linien der größten Absorption im Spektrum des Chlorophylls.

Bei bräunlich-gelben Zellen liegt die maximale Wirkung im Grün, im Falle von bläulich-grünen Zellen im Gelb, im Falle von roten Blutkörperchen, im Grün. Der Autor hat daraus geschlossen, dass es eine Reihe von Farbstoffen gibt, die wie Chlorophyll die Kraft haben, Kohlensäuregas zu lösen. Er nennt sie Chromophylle (= Pflanzenpigmente). Auf gleiche Weise ermöglicht es diese Methode, die Frage der Energieverteilung im Sonnenspektrum zu lösen. Wie Engelmann bemerkt hat, ist es interessant zu sehen, wie die Bakterien unsere Theorien über die Zusammensetzung des Sonnenlichts bestätigen.

Bakterien sind nicht die einzigen Organismen, die eifrig Punkte anstreben, an denen Sauerstoff zu finden ist. Eine große Anzahl anderer Mikroorganismen wirken in gleicher Weise, wenn sie in ein Medium mit Sauerstoffmangel eintreten. Ranvier hat bemerkt, dass, wenn ein Präparat eine Zeit lang untersucht wird, das von der Luft abgeschirmte Leukozyten enthält, sieht man wie jene Zellen, die der Luftseite der Präparation zugewandt sind, lange Filamente auswerfen. Es scheint also, dass im Protoplasma der Protoorganismen ein rudimentäres Sinnesorgan, d. h. ein Sauerstoff-Rezeptor existiert.

Dieser Rezeptor benachrichtigt den Organismus nicht nur über die Anwesenheit von Sauerstoff, er ermöglicht es ferner, die Spannung (Expansionsleistung) des Gases zu messen. Sodass, wenn die Spannung zu stark wird, man die Organismen vor ihnen fliehen sieht.

5. Ernährungspsychologie

Die Art der Ernährung unter den Mikroorganismen ist nicht einheitlich - eine Tatsache, die nicht bemerkenswert erscheinen sollte, wenn man bedenkt, dass diese ungeheure Gruppe aus allerlei heterogenen Wesen besteht, die nichts als die mikroskopische Kleinheit ihres Körpers und die Einfachheit ihrer Struktur gemeinsam haben. Drei Haupttypen der Ernährung können kurz unterschieden werden.

5.1 Pflanzliche Ernährung

... oder nach Bütschlis Bezeichnung *holophytisch*. Dies ist die Methode der Ernährung kleiner tierischer oder pflanzlicher Zellen, die Chlorophyll enthalten und die sich von den organischen Nahrungsbestandteilen des umgebenden Mediums ernähren. Es ist kaum nötig, daran zu erinnern, dass die Funktion des Chlorophylls die der Ernährung und nicht der Atmung ist. Dieses Phänomen wurde früher als die Tagesatmung von Pflanzen bezeichnet. Der Begriff beinhaltet mehrere Fehler. Es genügt zu sagen, dass Pflanzen, genauso wie Tiere, durch eine biochemische Reaktion mit Sauerstoff atmen und dass die Atmung Tag und Nacht auf gleiche Weise andauert. Die Funktion von Chlorophyll ist keineswegs Atmung. Seine Funktion ist, das Kohlensäuregas der Luft zu zerlegen und den Kohlenstoff zu binden, welcher der Pflanze bei der Bildung ternärer oder quaternärer Substanzen dient. Dieser biochemische Prozess wird von allen Chlorophyll-Organismen durchgeführt, wenn sie durch Lichteinstrahlung die für ihre Arbeit nötige Energie erhalten.[33]

Chlorophyll gehört nicht ausschließlich zum Pflanzenreich. Eine große Anzahl von tierischen Mikroorganismen sind

---

33 Bei diesem Prozess handelt es sich um die **Fotosynthese**, deren komplexer Ablauf nur teilweise verstanden ist, sodass er bis heute (Stand 2017) nicht technisch nachgebildet werden kann.

50

durch dieses Pigment grün gefärbt. Man begegnet ihnen hauptsächlich in der wichtigen Gruppe der Flagellaten. Ihre assimilativen Organoide, die ebenfalls in allen grünen Pflanzen gefunden werden, tragen den Namen Chromatophoren. Sie sind auch in neuerer Zeit Gegenstand interessanter Untersuchungen.[34]

Die Chromatophoren sind kleine Protoplasmakörper, die sich vom Protoplasma im Allgemeinen dadurch unterscheiden, dass sie eine individuelle Struktur angenommen haben.

Diese kleinen Körper, haben eine körnige und netzartige Struktur. Sie sind von einer färbenden Substanz durchdrungen, manchmal grün, manchmal gelb und manchmal braun. In der Tat sind mehrere farbgebende Substanzen vorhanden, die durch Vermischung in verschiedenen Verhältnissen Farben zahlreicher Varietäten bilden. Das Bekannteste nach dem grünem Chlorophyll, ist gelbes Chlorophyll. Der letztere Farbstoff kann durch Alkohol absorbiert werden.

Die Euglenida, die Chlamydomonadaceae und die Volvocinae haben enorme große Chromatophoren. Bei den Euglenida sind die Chromatophoren aus kleinen Scheiben gebildet. Sie liegen direkt unter der Zellwand, sodass das Licht auf sie einwirken kann (siehe Fig. 4). Bei bestimmten Arten von Flagellaten werden sie unter der Zellwand in Form von zwei großen Platten ausgelegt, die das Protoplasma wie ein zweiteiliger Kubus umhüllen. Die Chlamydomonadaceae und die Volvocinae haben grüne Chromatophoren, scheibenförmig und sehr klein.

In der Mitte des Chromatophors erkennt man einen kleinen hellen Raum, von dem man früher glaubte, er sei mit Chlorophyll gefüllt. In Wirklichkeit ist es ein sehr festes Kügelchen, die eine sehr große Ähnlichkeit mit der Substanz zeigt, aus der

---

34 Vgl. Sedlacek, Klaus-Dieter: *Die letzten Ursachen – Das Buch der Naturerkenntnis*; Norderstedt (2015), S. 288 ff.

sich Kerne oder Nukleine zusammensetzen. Es zeigt die gleichen biochemischen Reaktionen. Es absorbiert aktiv Farbstoffe und wächst außerordentlich, wenn es mit Säuren behandelt wird. Schmitz gibt diesem kleinen Körper den Namen Pyrenoid. Um das Pyrenoid herum, und wahrscheinlich durch seine Tätigkeit, bildet sich Stärke. Es wird in Form von Körnern abgelagert oder vereinigt sich in einem Ring um das Pyrenoid, eine Tatsache, die leicht durch Färbung mit Jod nachgewiesen werden kann.

Die Produktion von Stärke wurde auch in den farblosen Flagellaten beobachtet, wie zum Beispiel bei den *Polytoma uvella*. Diese haben keine Chromatophoren, aber die Biologen Künstler, und nach ihm Fisch, haben bemerkt, dass jedes Körnchen Stärke an einer kleinen Masse von farblosem Protoplasma befestigt ist, das den Mittelpunkt für die Anordnung der Körner bildet. Genau dies geschieht in pflanzlichen Organismen, wo farblose Stärke-Körner gefunden werden. Diese kleine Masse Protoplasma steht immer dem Kern des Stärkemehls gegenüber.

Da die Pigmentzelle (Chromatophore) nur dann ihre Funktion ausübt, wenn sie dem Einfluss von Licht ausgesetzt ist, folgt, dass grüne Mikroorganismen Licht haben müssen, um sich zu ernähren.

Eine recht bemerkenswerte Tatsache kann in diesem Zusammenhang angeführt werden. Bei der Untersuchung des Reiches der Protozoen als Ganzes wird man sehen, dass zwischen dem Vorhandensein des Auges und dem Vorhandensein des Chlorophyllpigments ein auffallendes Zusammentreffen besteht. Organismen mit einem Augenfleck sind in den meisten Fällen mit dem Chlorophyllpigment versehen, oder, mit anderen Worten, nähren sich wie Pflanzen, indem sie Stärke durch die Einwirkung von Licht erzeugen. Diese Tatsache beweist, dass die Lichtempfindlichkeit in gewisser Weise mit der Chlorophyllfunktion zusammenhängt.

52

Wenn Flagellaten Chromatophoren haben, d. h. Organoide, die Stärke erzeugen, und gleichzeitig Augenpunkte, so liegt es daran, dass diese rudimentären Augen es ihnen ermöglichen, zum Licht zu gelangen, das die notwendige Energie für die Chlorophyllfunktion liefert. Dementsprechend ernähren sich alle Mikroorganismen, die Augen haben, wie Pflanzen. In ihrem Fall ist der Zweck des Auges, die Pflanzenfunktion zu steuern.

In diesem Zusammenhang ist es interessant zu erwähnen, dass die Euglenae sich wie Tiere ernähren könnten, denn sie haben einen Mund und einen Verdauungsapparat. Das Backen- oder Mundloch öffnet sich im vorderen Teil an der Basis des Flagellums und ist mit einer kurzen Speiseröhre verbunden (siehe Abb. 6, Mund und Speiseröhre einer Euglena). Trotzdem wird das Euglena nie gesehen, wie es mit seinem Mund Nahrungspartikel schluckt. Hier ist ein ganz merkwürdiges Problem. Wenn es wahr ist, wie behauptet wurde, dass es die Funktion ist, die das Organ ausmacht, wie erklären wir die Existenz und vor allem die Genese dieses Verdauungsapparates, der keine Funktion ausübt?

Es ist die Anwesenheit von Chromatophoren, die verhindert, dass bestimmte Flagellaten wie Tiere Nahrung zu sich nehmen. So sehr, dass der Verdauungsapparat seine Funktionen in jenen Flagellaten ausübt, die keine Chromatophoren besitzen und nicht mit Chlorophyllpigment ausgestattet sind, dazu kann das *Peranema* als Beispiel dienen. Das *Peranema* ist zudem ein überaus gefräßiges Tier. Wir müssen auch beachten, dass das *Peranema* keine Augenflecke wie das grüne Euglena aufweist. Außerdem braucht es keine, da es nicht das Licht zur Erzeugung von Stärke aufsuchen muss. Alle diese Erscheinungen sind voneinander abhängig.

Der Einfluss, den Licht auf die grünen Organismen beider Reiche ausübt, ist von verschiedenen Wissenschaftlern bestätigt worden. Licht mit einer gewissen Intensität zieht sie an oder stößt sie bei größerem Ausmaß ab. Strassburger führte eine Reihe zusammenhängender Experimente über Bewegungen grüner Sporen zum Licht durch. Er beobachtete, dass die Pigmentkörner im Inneren der Zellen, unter dem Einfluss der Sonnenstrahlung, Bewegungen ausführten, die in alle Richtungen nach außen wiesen.

5.2 Ernährung durch Endosmose (saprophytisch)

Der saprophytische Mikroorganismus nährt sich, indem er mit der ganzen Oberfläche seines Körpers solche Flüssigkeiten absorbiert (Endosmose), die Produkte pflanzlicher oder tierischer Zersetzung enthalten. Saprophytische Wesen werden in faulen Gewässern oder in Infusionen gefunden. Diese Art der Ernährung kann man unter dem Gesichtspunkt betrachten, mit dem wir uns jetzt beschäftigen, und zwar als die einfachste Ernährungsform von allen. Diese erlaubt vermutlich die Suche nach Nahrung, aber es ist sicher, dass daran keine Bewegungen beteiligt sind, die Nahrung in irgendeinen denkbaren Verdauungsapparat zu ziehen.

5.3 Tierische Ernährung

Es gibt jetzt eine letzte Art der Ernährung, die wir im Einzelnen behandeln werden. Nämlich die Tierernährung, bei welcher der Mikroorganismus feste Nahrungspartikel erfasst und sich nach der Methode eines Tieres sei es durch einen permanenten Mund oder durch einen im Augenblick des Bedürfnisses auftretenden, ernährt. Diese Art der Ernährung ist das Verfahren, das von höheren Tieren vorkommt. Unter den niederen Organismen findet man sie in den meisten Infusorien, bei den *Sarcodinae* (Wurzelfüßer), in vielen *Mastigophoren*[35] und in anderen. Was die Mikroorganismen betrifft, die zum Pflanzenreich gehören, finden wir dort die Ernährungsweise durch Endosmose und Nährstoffe, die mit

---

35 **Mastigophoren** sind geißeltragende Organismen, Infusorien, z. B. Paramecium coli

Hilfe von Chlorophyll erzeugt werden. Die Protophyten besitzen nie einen Mund und nehmen niemals feste Nahrung auf.

Die tierische Ernährungsweise erfordert äußerst bemerkenswerte psychologische Fähigkeiten im Organismus, der sie ausübt. Diese Manifestationen psychischer Prozesse, deren fortschreitende Komplexität wir ausgehend von den einfachsten Formen der Protozoen verfolgen wollen, und zeigen werden, dass diese Tiere mit Gedächtnis und Entscheidungsfähigkeit begabt sind, wenn wir bei den Höheren angekommen sind.

Wir werden unsere Bemerkungen unter den beiden folgenden Gesichtspunkten zusammenfassen:

a. Die Wahl der Nahrung, und …

b. die Bewegungen, die für das Aufnehmen der Nahrung notwendig sind.

Die Mikroorganismen ernähren sich nicht wahllos, noch führen sie sich blindlings jede Substanz zu, die ihnen in den Weg kommt. Auch wenn sie Nahrung durch die eine oder andere Stelle ihres Körpers aufnehmen, verstehen sie es perfekt, die Partikel auszuwählen, die sie aufnehmen möchten. Diese Wahl ist manchmal ganz genau festgelegt, denn es gibt Arten, die sich ausschließlich von bestimmtem Futter ernähren. So gibt es pflanzenfressende Infusorien und fleischfressende Infusorien. Unter den Pflanzenfressern können einmal die *Chilodone*, die sich von kleinen Algen, *Diatomaceae* und *Oscillaria* ernähren, eingeordnet werden. Die Parmecia leben hauptsächlich auf Bakterien. Die Leucophrys[36] sind ein Beispiel der fleischfressenden Klasse. Sie verschlingen sogar kleinere Tiere ihrer Art. Das *Cyrtostomum leucas* verspeist alles, genau wie die Rotiferen (Rädertierchen).

---

36   G. Ehrenberg (1838): *Die Infusionsthierchen als vollkommene Organismen*. Band 2, Leipzig, S. 311

Obwohl die Tatsache der Nahrungswahl zweifelsfrei feststeht, ist doch die Interpretation dieses Phänomens mit großer Unsicherheit behaftet. Einige Autoren, wie Charlton Bastian zum Beispiel, erklären die Nahrungswahl als eine Reaktion des Organismus auf chemische Reize, welche die Nahrung auf die Rezeptoren des Organismus ausübt.

Aus psychologischer Sicht interessiert nur die Frage, ob die Wahl der Nahrung bei Protoorganismen aus einer psychischen Operation heraus resultiert oder nicht, ähnlich etwa dem, was in höheren Organismen stattfindet. Wir haben eine bemerkenswerte Mitteilung von E. Maupas zu diesem Thema erhalten, der meint, dass die Wahl der Nahrung nicht allein das Ergebnis des individuellen Geschmacks der Mikroorganismen sei, sondern auch durch die organische Struktur ihres Mund-Apparates bestimmt wird, der nicht erlaubt andere Nahrungsformen aufzunehmen.

Wir müssen daher den Mechanismus der Nahrungsaufnahme eingehender untersuchen.

Das Folgende geschieht, wenn die Amöbe, in ihrem wilden Kurs, einen Fremdkörper trifft. Das erste ist, dass die Amöbe ihn nicht aufnimmt, wenn der Fremdpartikel keine Nährsubstanz, sondern beispielsweise Kies ist. Sie stößt ihn mit seinen Pseudopodien zurück. Diese kleine Leistung ist sehr bezeichnend. Denn es beweist, wie bereits erwähnt, dass diese mikroskopische Zelle irgendwie weiß, wie sie Nahrungssubstanzen von wirkungslosen Sandpartikeln unterscheiden und auswählen kann. Wenn die fremde Substanz als Nahrung dienen kann, verschlingt die Amöbe diese durch einen sehr einfachen Prozess. Unter dem Einfluss der von den Fremdpartikeln hervorgerufenen Reizung wölbt sich das weiche und viskose Protoplasma der Amöbe nach vorn und breitet sich über dem Futter aus, etwa wie eine Ozeanwelle anrollt und über dem Strand ausbreitet. Um das Gleichnis zu vollziehen, das den Prozess so gut repräsentiert, zieht sich diese Protoplasma-Welle zurück und trägt damit den Fremdkörper fort, den sie umfasst hat.

Auf diese Weise wird die Nahrung umhüllt und in das Protoplasma eingeführt. Dort wird sie verdaut und assimiliert, sie verschwindet langsam.

Man hat Zellen innerhalb der Darmwände niederer Tiere gefunden, die feste Nahrungsmittel auf die gleiche Weise wie die Amöben-Zelle aufnehmen. Sie werden Phagozyten (Fresszellen) genannt.

Dieses Verfahren ist unbestritten das am einfachsten vorstellbare, denn ein zum Greifen fähiges Organoid ist noch nicht differenziert. Jeder Teil des Protoplasmas kann als Verdauungshohlraum beim Umhüllen der fremden Substanz dienen.

Vom speziellen Standpunkt der Nahrungsaufnahme aus können wir das *Actinophrys sol*[37] bei der Amöbe einordnen. Dieses mikroskopisch kleine Sonnentierchen kommt im Süßwasser-Schlamm reichlich vor. Es hat lange, schlanke, fadenförmige Pseudopodien (Scheinfüßchen) die nach allen Richtungen strahlenförmig vom Körper abstehen. Wenn seine Beute oder irgendeine verdauungsfähige Substanz in die Mitte dieser Masse der Filamente gelangt, zieht sich der berührte Faden schnell zurück und führt die Futtersubstanz mit zum Actinophrys-Körper. In anderen Fällen bilden die sich selbst verästelnden Filamente eine Art Hülle um die Beute. In dem Augenblick, in dem die Substanz kurz vor der Zelle ankommt, springt ein Teil des Protoplasmas dieser Zelle nach vorn und umschließt die Nahrungssubstanz in seiner Mitte. Die Beute wird dann durch einen ähnlichen Prozess wie bei der Amöbe einverleibt.

---

37   G. Ehrenberg (1838): *Die Infusionsthierchen als vollkommene Organismen.* Band 2, Leipzig, S. 303

Im Fall der Actinophrys könnte jeder Teil des Körpers als Zugangsmöglichkeit für Nahrung dienen, d. h., als Teil eines Mundes wirken. Um den Ausdruck von W. Saville Kent zu verwenden, ist der Mikroorganismus ein *Pantostomat-Wesen*, was in etwa bedeutet: „Wesen mit Wurf-Topf zum Überwältigen".

Bei anderen Arten höherer Organisation ist diese Ernährungsmethode durch die Zellmembran, die den Körper umgibt, unmöglich. Die Ausbildung einer für feste Nahrungsmittel undurchdringliche Zellmembran bringt die Notwendigkeit einer Mund-Öffnung mit sich, durch welche Nahrung in das Innere des Protoplasmas eingeführt werden kann.

Eine merkwürdige Graduierung bei diesen Erscheinungen kann man hier bemerken. So gibt es Organismen, denen ein bleibender und vorab bestehender Mund fehlt. Ihr Mund ist improvisiert, wie es der Anlass erfordert, sozusagen hinzukommend, und der Grund dafür, dass diese Organismen höher stehen als die vorhergehenden, ist der, dass der Mund immer an derselben Stelle gebildet wird.

In diesem Zusammenhang können wir ein kleines bewimpertes Infusorium untersuchen, das reichlich in verschmutztem Wasser vorkommt, das *Monas vulgaris*. Es führt ein langes an seinem vorderen Ende befestigtes Flagellum mit, das, wenn es nicht in Bewegung ist, zum Körper hin aufgerollt wird. An der Basis des Flagellums ragt das Protoplasma, eine durchsichtige Substanz, in Form einer Lippe hervor. Dieser Vorsprung ist hohl und enthält eine mit Flüssigkeit gefüllte Vakuole[38]. Cienkotvski hat beschrieben, wie diese ungewöhnlichen Körperteile wirken. Bakterien und Mikrokokken, welche die Nahrung der *Monas* bilden, werden durch Streiche des Flagellums in seine Nachbarschaft getrieben. In dem Augenblick wird sich das Tier der Nähe eines anderen

---

38 **Vakuolen** sind Zellorganellen, d.h. strukturell abgrenzbare Bereiche mit einer besonderen Funktion. Sie umfassen größere von einer Membran umschlossene Räume.

Körpers bewusst, denn die Ausstülpung an der Basis des Flagellums, dehnt sich über die Beute hinweg, umhüllt sie und zieht sie zurück ins Innere des Monaskörpers. Bütschli hat eine analoge Beobachtung mit dem *Oikomonas termo* gemacht.

Die Nahrungsaufnahme besteht hier aus drei Phasen, wobei sich in zwei von denen die psychische Tätigkeit des Organismus' manifestiert.

Erste Phase: Anziehung der Nahrung durch das Flagellum. *Zweite Phase:* Bildung des Vesikels (Bläschens), das sich über die Nahrung erstreckt und diese umhüllt, sobald sie sich nähert. *Dritte Phase:* Aufnahme der Nahrung.

Die Acinetae[39] sind Organismen, die sich sehr wenig bewegen. Sie bleiben häufig ihr ganzes Leben lang an einen Stängel fixiert. Sie haben keine Wimpern, sie zeigen aber mehr oder weniger zahlreiche, strahlenartige Ausdehnungen. Diese Filamente sind Sauger, deren Enden mit einem kleinen Luftloch ausgestattet sind. Wenn ein unvorsichtiges Infusorium in das Territorium einer Acineta schwimmt, wird es von deren dicken Filamenten ergriffen. Auf dem Körper des Infusoriums saugen sich die becherförmigen Extremitäten der Acineta fest. Das Protoplasma des Wimpertierchens, das auf diese Weise gefangen ist, gleitet langsam durch die Sauger wie durch Röhren und sammelt sich im Inneren der Acineta in Form kleiner Tropfen. Dementsprechend sind bei den Acinetae bestimmte Organoide für die Ergreifung und Resorption der Nahrung angepasst. Entsprechend der größeren Komplexität der körperlichen Handlung ist auch der für die Nahrungsergreifung notwendige psychische Prozess komplizierter geworden, als dies bei der Amöbe der Fall ist. Die Acineta muss ihren Saugnapf zum Infusorium, das in seiner Reichweite ist,

---

39   Vgl. G. Ehrenberg (1838): *Die Infusionsthierchen als vollkommene Organismen.* Band 1, Leipzig, S. 240 ff.

hinlenken und folglich muss das Tierchen auch die Position seiner Beute bestimmen.

Es gibt Acinetae, die perfektere Greifwerkzeuge, als die gerade erwähnten, aufweisen. Das sind die *Hemiophrys*. Diese haben sowohl Saugtentakel wie Greiftentakel. Die Letzteren sind Filamente, die das Tierchen wie ein Lasso über sein Opfer wirft, das auf diese Weise umhüllt und regungslos gemacht wird, während das Hemiophrys fortfährt, das Opfer mithilfe seines Saugapparats auszusaugen.

Zeigen jetzt diese Acinetidae irgendeine Bevorzugung bei der Auswahl unter den Infusorien, die zufällig in Reichweite ihrer Tentakel vorbeiziehen? Maupas, der diese Organismen besonders studierte, hatte als Erster diese Vorliebe bei der Wahl beschrieben. Aber nachträglich verwarf er den Gedanken. Im Jahre 1885 schreibt er uns:

> Ich finde eine ganz andere Erklärung der Ungestraftheit, mit der das *Coleps hirtus* sich in die Nähe der schrecklichen Sauger des *Podophrys fixa* begeben kann. Die dicke Schale, mit der dieses kleine Infusorium umhüllt ist, dient ihm als Schild und schützt es vor dem tödlichen Griff der Acinetidae. Die Acinetidae greifen sich das Coleps nicht, nicht deshalb weil sie dieses nicht mögen, sondern weil sie nicht in der Lage sind, es zu ergreifen. Ihre Unfähigkeit resultiert aus der eigentümlichen Struktur der Hülle des Coleps. Die Paramecia, die auch unversehrt entweichen, sind in ähnlicher Weise mit einer Zellwand von hoher Widerstandskraft ausgestattet, die ihnen als Schutz bei diesem Ereignis dient. Die *Stylonichia histrio* hat, wie alle anderen Stylonichiae, eine sehr weiche Zellwand. Sie werden daher ohne Schwierigkeiten von den Acinetidae ergriffen und verschlungen. Die genaue Kenntnis der Strukturunterschiede in den Zellrinden hat mich dazu veranlasst, die Vorstellung von einer Vorliebe oder Abneigung in der Wahl der Opfer, die als Nahrung für die Acinetidae dienen, aufzugeben. Von der Beute, die vorbeizieht, fangen sie, was sie essen können und nicht, was sie wollen.

Bei einer großen Anzahl von Spezies wird das Aufnehmen bestimmter Nahrung durch ein anderes Stadium eingeleitet, nämlich der Suche nach dieser Nahrung, und im Fall einer lebendigen Beute, durch ihre Gefangennahme. Wir werden diese Erscheinungen nicht bei allen Protozoen untersuchen, sondern unsere Aufmerksamkeit besonders auf die bewimperten Infusorien richten. Ihre Gewohnheiten sind eine bemerkenswerte Erscheinung.

Wenn man einen Tropfen Wasser, das Infusorien enthält, unter ein Mikroskop stellt, sieht man schnell schwimmende Organismen wie sie das flüssige Medium in alle Richtungen durchqueren. Ihre Bewegungen sind nicht gleichförmig. Das Infusorium steuert vielmehr beim Schwimmen. Es vermeidet Hindernisse. Oft unternimmt es Anstrengungen, diese beiseitezuschieben. Seine Bewegungen scheinen absichtlich auf ein Ziel gerichtet zu sein, das in den meisten Fällen der Nahrungssuche dient. Es nähert sich in der Flüssigkeit suspendierten Partikeln, fühlt diese mit seinen Zilien ab, geht weg und kehrt zurück, während es einen Zickzackkurs beschreibt, der den Pfaden gefangener Fische in Aquarien gleicht. Dieser letztere Vergleich scheint dem Verstand wie selbstverständlich. Kurz gesagt, die Art der Fortbewegung, wie man sie bei einzelnen Infusorien sieht, zeigt alle Zeichen einer freiwilligen Bewegung.

Man könnte auch noch erwähnen, dass jede Spezies ihre Persönlichkeit in der Art ihrer Fortbewegung manifestiert. So bleibt in der Regel das *Actinotricha saltans*, wenn es in ein Präparat eingebracht wird, wo es sich wohlfühlt, für einige Momente vollkommen unbeweglich. Dann springt es plötzlich blitzschnell vor und verschwindet aus dem Gesichtsfeld. Eine Zeit lang hüpft es nach rechts und links, und dann nimmt es wieder seinen ursprünglichen Zustand der Unbeweglichkeit an. Es kann sich mit größter Behändigkeit durch Trümmermassen bewegen, sich mittendrin biegen und verdrehen, sodass es mit wunderbarer Geschmeidigkeit durchrutscht. Das *Lagynus crassicolis* dagegen bewegt sich mit völlig konstanter und gleichförmiger Geschwindigkeit, weder langsam noch schnell. Es sucht zwischen Algen nach fragmentarischen

Partikeln. Das *Peritromus Emma* bewegt sich langsam. Es läuft träge über Algen, wo es seine Nahrung sucht und weicht nicht von diesen, um sich etwa ins offene Wasser zu wagen[40].

Was die Ernährung der Ciliata (Wimpertierchen) angeht, so können wir nichts Besseres tun, als einen ganzen Brief zu zitieren, den Herr E. Maupas uns zu diesem Thema geschickt hat. Wir hatten ihm zwei Fragen gestellt: Erstens: Jagen die Ciliata ihr Essen? Zweitens: Führen die jagenden Ciliata während der Suche nach lebender Beute, eine wirkliche Jagd durch, die das Ausspähen der Beute aus der Ferne und deren aktuelle Verfolgung einschließt und auf der sie gewundenen Pfaden folgen? Maupas, nachdem er mehr als einmal auf die Beobachtung zurückgegriffen hatte, fasst seine Meinung in den folgenden Zeilen kurz zusammen:

> Vom Standpunkt der Nahrungsvoraussetzung können die Ciliata in zwei große Gruppen eingeteilt werden:
>
> 1. Ciliata mit Nahrungsverwirbelung.
>
> 2. Jagende Ciliata.
>
> In der ersten Gruppe wird der Mund immer weit offen gehalten, und zusammen mit nahrhaften Partikeln, die der Wirbelstrom ständig einsaugt, kann man andere, absolut wirkungslose und unverdauliche Partikel dazu bringen, denselben Verlauf zu nehmen, zum Beispiel solche Stoffe wie Korn, Indigo und Reisstärke. Diese für Nährzwecke völlig ungeeigneten Körnchen passieren den Körper der Ciliata zusammen mit der echten Nahrung und werden mit dem Kot endgültig ausgeschieden. Ich glaube daher, dass die Spezies, welche die Nahrungsverwirbelung nutzt, bei der Auswahl ihrer Nahrung keine wirkliche Wahl hat, und dass sie alle Teilchen, die aufgrund ihrer Form und Dichte in den Verdauungstrakt gezogen werden, ohne Unterschied absorbieren.

---

40   siehe E. Maupas, *Etude des Infusoires ciliés*, Arch, de zool. Expér., 1883, Nr. 4.

Im Fall der jagenden Ciliata ist der Mund zweckmäßigerweise ständig geschlossen. Der Vorgang der Absorption jedes erbeuteten Objekts wird durch einen Schluckprozess erreicht, der in jeder Phase vergleichbar mit dem Prozess bei höheren Tieren ist.

Ferner ernähren sich diese Arten nur von lebendiger Beute, die sie mit ihren Trichozysten[41] erfassen und fesseln (vgl. *Archives de Zoologie*, Bd. I. 1883, S. 607 ff.). Durch die reine Handlung üben sie eine Nahrungswahl aus. Aber diese Manifestation einer Wahl ist meines Erachtens nicht das Resultat einer Vorliebe oder des individuellen Geschmacks, sondern die Folge des eigentümlichen Aufbaus ihres Mundwerkzeugs, der es ihnen nicht erlaubt, andere und verschiedene Nahrung aufzunehmen.

Diese jagenden Infusorien ziehen ständig auf der Suche nach Beute herum. Aber die andauernde Jagd ist nicht auf ein bestimmtes Objekt gerichtet. Sie bewegen sich schnell hin und her, wechseln jeden Augenblick mit dem Körperteil der Trichozysten-Gruppe die Richtung. Wenn der Zufall sie in Kontakt mit einem Opfer gebracht hat, lassen sie ihre Wurfpfeile fliegen und zermalmen es. An diesem Punkt der Aktion durchlaufen sie bestimmte Manöver, die durch lenkende Willensentscheidungen[42] veranlasst werden. Es geschieht selten, dass ein zerschmettertes Opfer nach der direkten Kollision mit dem Mund seines Angreifers regungslos liegen bleibt. Der Jäger macht sich folglich langsam auf den Weg zum Tatort, indem er sich auf der Suche nach seiner leblosen Beute sich nach rechts und links dreht. Diese Suche dauert höchstens eine Minute. Danach, wenn sie nicht erfolgreich ist, geht er noch einmal zur Jagd und nimmt seinen unregelmäßig umherstreifenden Kurs wieder auf. Diese Jäger haben meines Erachtens kein Sinnesorgan, wodurch sie in der Lage wären,

---

41 **Trichozysten** sind kleine stäbchenförmige mit Sekret gefüllte Körperteile im Ektoplasma (Außenplasma) mancher Wimperinfusorien (Bursaria. Paramecium), welche explosionsartig bei Reizung bzw. zur Verteidigung oder zum Beutefang zu einem Faden bis achtfache Länge ausschnellen. Trichozysten sind den Nessel-Organen d. Nesseltiere u. Strudelwürmer vergleichbar.

42 Im fremdsprachlichen Text ist vom „Willen" die Rede. Der Begriff Wille beinhaltet nur die Entscheidungskriterien, nach denen der Willensprozess seine Willensentscheidung treffen kann. Im Sinne des Textes muss es sich hier aber um die Willensentscheidung handeln. Einen „**freien** Willen" kann man ggf. in der Entscheidung über die **Länge der Suche** nach der zerschmetterten Beute sehen. Zum Thema Wille siehe K.-D Sedlacek u. G. F. Lipps: *Gebundener Wille*, Norderstedt (2016), S. 167

die Gegenwart der Beute in einer bestimmten Entfernung festzustellen. Allein durch unaufhörliche und unermüdliche Wanderungen an Tag und Nacht gelingt es ihnen, sich mit Nahrung zu versorgen.

Wenn Beute im Überfluss vorhanden ist, sind die Kollisionen häufig, die Suche nach ihr gewinnbringend und die Nahrung leicht zu haben. Wenn sie schwer zu finden ist, sind die Begegnungen entsprechend weniger häufig, das Tier fastet, und hält eine Fastenzeit ein. Das *Lagynus crassicolis* sieht folglich seine Opfer nie aus der Ferne und leitet auf keinen Fall seine Bewegungen einem bestimmten Raubobjekt mehr zu als einem anderen. Es wandert zufällig, jetzt nach rechts und jetzt nach links, bloß getrieben von seinem räuberischen Instinkt - einem angeborenen Verhalten, das durch seine eigentümlich organische Konstruktion hervorgebracht wird, die es zum unaufhörlichen Vagabundieren verdammt, um die Bedürfnisse der Ernährung zu befriedigen.

Die Vorticel Infusorien haben in einem Medium, in dem Nahrung reichlich vorhanden ist, ein beinahe vollständig sesshaftes Verhalten, sie führen nur geringfügige Änderungen ihrer Position durch. Wenn sie aber in ein Medium gelegt werden, das nur wenig nahrhaftes Material bietet, wandern sie wie Jäger, und man sieht sie in alle Richtungen umherziehen. Es ist schwer, eine vollkommenere Darstellung des Einflusses zu finden, der durch die Bedingungen eines Mediums auf Verhalten und Gewohnheit der Tiere ausgeübt wird.

Diese *Leucophrys patula* ist eine typisch fleischfressende Art, die von einem äußerst gefräßigen Appetit geprägt ist, eine Tatsache, die ihre Vermehrungsfähigkeit erklärt, eine der größten, die ich studiert habe. Bei einer Temperatur von 25^0 in meinem Laboratorium habe ich vor Kurzem gesehen, dass es sich durch Zellteilung siebenmal in vierundzwanzig Stunden aufspaltet, das heißt, ein einzelnes Individuum erzeugt aus sich selbst genau einhundertachtundzwanzig andere in dieser Zeit. Durch beständige Verfolgung seiner Beute fasst er seine Opfer mit zwei dicken schwingenden Lippen, mit denen sein Mund bewaffnet ist, und schluckt sie vollständig bei lebendigem Leib.

Man kann die Opfer sehen, wie sie im Inneren des Leucophrys-Körpers eine Zeit lang kämpfen und sich herumwälzen und wie es mit

64

ihnen danach langsam unter der Wirkung der Verdauungssäfte der Vakuole, in der sie eingeschlossen sind, zu Ende geht. In einem Medium, das mit kleinen Ciliata gut ausgestattet ist, haben die Leucophrys ihre Körper ständig vollgestopft mit den Opfern, die sie in der oben beschriebenen Weise geschluckt haben. Wie die anderen jagenden Ciliata, entdecken die Leucophrys ihre Opfer nicht von Ferne und lenken ihren Weg auch nicht auf sie zu. Das Leucophrys flitzt ganz einfach von rechts nach links und ändert jeden Augenblick seine Richtung. Es erhöht so seine Chancen, mit einer Beute zusammenzustoßen, und jedes Mal, wenn eines der unglücklichen Opfer mit seinen vibrierenden Lippen in Berührung kommt, wird es, unwiderstehlich in den Mund gezogen und in weniger als einer Zehntelminute verschluckt.

Bestimmte jagende Infusorien besitzen Methoden der Verfolgung und Gefangennahme, die es verdienen, getrennt geprüft zu werden. Claparède und Lachman haben in ihrer ausgezeichneten Arbeit über Infusorien und Rhizopoden genau beschrieben, wie ein großes Infusorium, das *Amphileptus meleagris*, das *Epistylis plicatilis* angreift. Die Kolonien bildenden *Epistylis* sind auf geeignetem Untergrund festsitzende Glockentierchen (Vorticellidae), von denen jedes einzelne Mitglied eine Größe von nicht weniger als 0,21 mm erreicht. Die *Epistylis* bilden absteigende Gruppen, deren Verzweigungen ziemlich regelmäßig aufgespalten sind. Diese Verzweigungen wachsen alle mit genau der gleichen Geschwindigkeit und die einzelnen Zweige erheben sich alle auf die gleiche Höhe, was das ist, was in der Botanik ebenstraußförmiger Blütenstand genannt wird. „Eines Tages beobachteten wir ein *Amphileptus*, das sich langsam an eine Kolonie *Epistylis* heranschlich", sagt Claparède, „und hofften zu sehen, was aus dem Manöver werden würde. Die Art, wie es sich den Glockentierchen näherte, sie sozusagen spürte und sie teilweise in seinen biegsamen Körper einschloss, schien schon verdächtig.

Schließlich machte es einen direkten Angriff auf eines der Glockentierchen, indem es sich auf dem oberen Teil ihres

Körpers festmachte. Es öffnete seinen riesigen Mund, der sonst nie zu sehen ist, außer wenn das Tier frisst, und glitt über das *Epistylis*, wie über den Finger eines Handschuhs, der auf eine Hand aufgezogen wird. Wir sahen, dass die Seiten der Mundöffnung, die zu einer wahrhaft erstaunlichen Größe erweitert werden kann, langsam über das Peristom (gewulsteter Rand, Mundsaum) und auf den Körper seiner Beute schlüpfen und sich dann an dem Punkt zusammenziehen, wo das *Epistylis* am Stängel befestigt ist. Die Zilien, die den Körper des *Amphileptus* bedecken, fingen an, sich mit jener eigenartigen Bewegung zu schütteln, die man immer dann beobachtet, wenn ein bewimpertes Infusorium eine Zyste absondert. Nach einem kurzen Augenblick war eine feine Linie zu sehen, die sich über den ganzen Körper ausbreitete, um bald daraus die Zyste zu bilden. (Das könnte man eine Verdauungszyste nennen.) Das Phänomen als Ganzes ist ganz einfach. Ein *Amphileptus* nähert sich einem *Epistylis*, verschlingt es und kapselt sich an der Stelle ein, wo das Opfer noch an seinem Stiel befestigt ist. Es bemüht sich, die *Epistylis* von ihrem Anknüpfungspunkt durch Drehen abzureißen. Es dreht hintereinander seine Achse von links nach rechts und von rechts nach links. Wenn das gelingt, setzt es seine Verdauungsarbeit fort und gelegentlich teilt es sich selbst innerhalb der Zyste. Während des letzten Stadiums der Verdauung, ruht es für eine Weile, bis es von Neuem beginnt, sich in der Zyste zu drehen, und offenbar versucht, sich zu lösen. Nach einer bestimmten Anzahl von Stunden bricht die Zyste auf. Das *Amphileptus* kommt heraus und begibt sich auf die Suche nach einem neuen Opfer.[43]

Die jagenden Infusorien sind häufig mit Trichozysten bewaffnet. Trichozysten sind stechende Filamente, die den mikroskopisch kleinen Raubtierchen dazu dienen, andere Mikroorganismen zu deaktivieren oder zu verwunden.

---

43 Etudes sur les Infusoires et les Rhizopodes, Vol. II. p. 166, 1861.

Eine große Zahl von Infusorien, die Pantoffeltierchen (Paramecium), die Ophryoglenae usw. benutzen ihre Trichozysten als Verteidigungsorganoide. Bei anderen Arten, über die wir ausführlicher sprechen werden, sind die Trichozysten Angriffsorgane. Sie befinden sich entweder an den Seiten des Mundes oder an dazu angrenzenden Teilen. Dies ist der Fall bei den Mikroorganismen *Lacrymaria*, *Didinium*, *Enchelys*, *Lagynus*, *Loxophyllum* und *Amphileptus*.

Diese letzteren Raubtierchen greifen die lebendige Beute, die ihre Nahrung ausmacht, auf folgende Weise an. Sie schlagen auf ihr Opfer ein und versenken die Trichozysten, mit denen sie bewaffnet sind, in ihre Körper. Das Opfer wird sofort zum Stehen gebracht, woraufhin der Jäger es erfasst und verschluckt. Wenn also das *Lagynus Elongatus* ein Opfer ergreifen will, das von seinem Wirbelstrom erfasst wird und so in die Nähe seines Mundes gezogen wird, wirft es sich rasch vorwärts. Im Augenblick des Kontaktes wird das gejagte Infusorium plötzlich gelähmt und bleibt völlig unbeweglich. Diese Lähmung wird offensichtlich durch die Trichozysten verursacht, die den Schluckdarm (Speiseröhre) des *Lagynus* begrenzen und mit denen es seine Beute im Augenblick der Berührung mit seiner vordere Extremität, durchbohrt hat.[44]

In einer höheren Organisationsstufe ändert das Microzoon, das einen Mund besitzt, seine Position, um seine Beute abzufangen und sie zu jagen.

Das *Didinium nasutum* (Stein), ein fleischfressendes Infusorium und eines der unersättlichsten unserer stillstehenden reinen Gewässer, arbeitet komplizierter:

Es schleudert seine Trichozysten aus der Ferne auf sein Opfer. Die Wichtigkeit dieses Beispiels veranlasst uns, hier einen Augenblick zu verweilen.

---

44 Maupas, op. cit., p. 495.

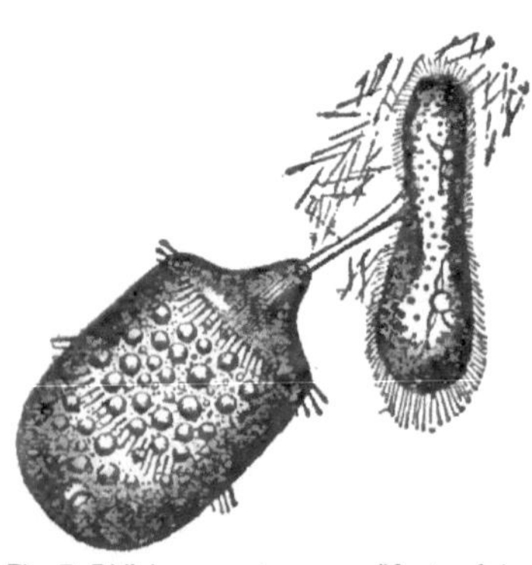

Fig. 7. Didinium nasutum, vergrößert auf das zweihundertfache des Durchmessers. Die Figur repräsentiert ein Didinium, das ein Paramecium aurelia überwältigt. Die nadelförmigen Filamente, die vom Didinium abgestoßen werden, sind auf allen Seiten des Parameciums zu sehen.

Das *Didinium* (Fig. 7) kann im Hinblick auf die allgemeine Gestalt des Körpers mit einem winzigen Fass verglichen werden, das an einem der Enden abgerundet ist und am entgegengesetzten Ende durch eine nahezu ebene Oberfläche abgeschlossen wird, auf deren Mitte ein konischer Vorsprung ziemlich stark auffällt. Dieser Vorsprung ist ein Schluckorgan. Man bemerkt eine Längsstreifung, die hier aus winzigen festen Stäbchen von extremer Zartheit gebildet werden und die unabhängig von den Seiten sind. Diese Organoide sind die Waffen, die das Didinium beim Angriff auf eine lebende Beute verwendet, die ihre einzige Nahrung ausmacht.

Es greift nicht nur andere Raubtierchen an, die fast so groß sind wie es selbst, sondern frisst häufig sogar Individuen seiner eigenen Art. In solchen Fällen ist es immer ein Infusorium, und niemals das Rädertierchen (*Rotatoria*), obwohl das letztere oft in vom *Didinium* bewohntem Wasser, reichlich vorkommt. Es scheint ferner, dass es eine gewisse Vorliebe für bestimmte Arten hat. Und so geschieht es, dass das riesige und harmlose *Paramaecium aurelia* fast immer eine bevorzugte Wahl unter den Tierchen ist, die die gleiche Flüssigkeit bewohnen.[45]

Die Nahrungsaufnahme durch das *Didinium* zeigt interessante Aspekte, die vorher noch nicht bei irgendeinem

---

45   Das *Didinium*, so sagt uns Balbiani, greift niemals die *Paramecium bursaria* an, das durch seine grüne Färbung vom *P. aurelia* unterscheidbar ist.

anderen Infusorium beobachtet worden sind. Balbiani ist bei seinen ersten Beobachtungen oft überrascht gewesen, als er sah, dass das *Didinium* ohne Berührung vorbeizog, plötzlich wie heftig gelähmt anhielt. Worauf sich unser fleischfressendes Raubtierchen sofort näherte und es mit scheinbarer Leichtigkeit ergriff. Eine sorgfältigere Prüfung der Handlungen des Didiniums lieferte bald den Schlüssel zu diesem Rätsel. Wenn das *Didinium*, während es sich schnell im Wasser kursiert, in die Nachbarschaft einer potenziellen Beute, z. B. einem Paramecium (Pantoffeltierchen), gerät, fängt es an, eine Menge stäbchenförmige Wurfpfeile, die seine Bewaffnung um den Schlund herum bilden, auf seine Beute zu schleudern. Das Paramecium hört sofort auf zu schwimmen, und zeigt kein anderes Lebenszeichen mehr, als schwach mit seinen schwingenden Zilien im Wasser zu rudern. Links und rechts von ihm liegen die Wurfpfeile verstreut, die verwendet wurden, um es zu schlagen. Sein Feind nähert sich daraufhin und aus seinem Mund dringt schnell ein Organoid, das wie eine Zunge geformt ist, relativ lang und einem transparenten zylindrischen Stab gleicht. Das freie, ausgestreckte äußerste Ende dieses zungenförmigen Organs fasst das Paramecium an einem Teil des Körpers an. Dieses wird dann allmählich durch den Rückzug der Zunge in Richtung des Didinium-Mundes transportiert. Der Mund öffnet sich weit und nimmt die Form eines riesigen Trichters an, der die Beute verschluckt.[46]

Bisher haben wir den Verteidigungs- und Fluchtbewegungen wenig Beachtung geschenkt. Zu diesem Thema werden ein paar Worte genügen.

Wenn die Glockentierchen alarmiert sind, sieht man, wie sie ihren Stiel zu einer längeren Ruhephase zwingen. Infusorien in einem Präparat, in dem sie sich wohlfühlen, schwimmen friedlich herum. Wenn eine deutliche Erregung

---

46   Archives de zoologie expérimentale, 1873, Vol. 11. p. 363. Observations sur le Didinium nasutum, by E. G. Balbiani.

sie stört, beschleunigen sie ihr Tempo. Diejenigen, die mit einer starren Borste an der hinteren Extremität ausgestattet sind, stürzen hastig davon, sobald ein anderes Infusorium dieses taktile Anhängsel berührt. Wenn die unaggressiven Paramecia, angegriffen werden, bemühen sie sich zu entkommen, können sich aber auch durch ihre Trichozysten verteidigen, mit denen ihre äußere Plasmaschicht bewaffnet ist.

6. Kolonien unizellularer Organismen

Einzellige Organismen sind nicht alle allein lebend Eine große Anzahl von Arten findet man in Kolonien zusammengefasst. Die Ausgangsbasis dieser Zusammenballungen ist immer eine Mutterzelle, deren Nachkommen, anstatt sich zu verbreiten, um frei zu leben, miteinander verbunden bleiben. Ehrenberg hatte geglaubt, dass bei bestimmten Arten (besonders bei den *Anthophysa vegetans*, eine Zusammenballung von winzigen Einzellern, die wie eine Art Busch wachsen) die Kolonie durch die Vereinigung von ursprünglich frei lebenden winzigen Organismen geschaffen würde. Aber die Beobachtung hat gezeigt, dass seine Theorie falsch ist. Es kann als allgemeine Regel aufgestellt werden, dass jede Kolonie monozellulärer Tiere oder Pflanzen aus Zellteilungen einer einzelnen Zelle entspringt. Die Zellen ein und derselben Kolonie sind daher immer Schwesterzellen, und die Kolonie stellt eine Familie in Miniatur dar.

Das wegweisende Beispiel einer ausschließlich vorübergehend bestehenden Kolonie findet sich bei jenen Organismen, deren Zellwand nicht an den Erscheinungen der Teilung des Protoplasmas beteiligt ist. In diesem Fall teilt sich allein das Protoplasma unter der Hülle.

Die sich daraus ergebenden Segmente sind oft zahlreich, und erst nachdem das Plasma fertiggestellt ist, wird die mütterliche Zellwand zerstört und die Segmente trennen sich, um im abgetrennten Zustand draußen zu leben. Bis dahin bleiben sie zusammengebunden.

Man sieht also, dass die Existenz dieser winzigen Kolonie ein vorübergehendes Phänomen ist, das nur in der Zeit besteht, die für die Teilung des mütterlichen Körpers notwendig ist. Solche Phänomene wurden bei vielen Flagellaten bemerkt.

Was überrascht, ist, dass die Mutterzelle, obgleich sie die Zellteilung weiter unter der Hülle fortsetzt, sich mit ihrer eigenen Geißel im Wasser fortbewegt, als ob sie immer noch ein einziges Tier wäre. Der Grund dafür ist, dass eines der Segmente, in das das Plasma aufgeteilt wurde und das sich im vorderen Teil der Mutterzelle befindet, mit dem Flagellum verbunden bleibt und ihre Bewegungen übernimmt. Dieses Segment leitet allein die Hülle (wie ein eigenständiges Individuum), die ihre Schwestern trägt. Und obwohl diese winzige Kolonie in der Regel nur kurzlebig ist, gibt es unter ihren Mitgliedern eine Arbeitsteilung. Das vordere Segment ist allein mit dem Amt der Fortbewegung betraut.

Im Fall der *Gonium pectorale*, eine in unserem Süßwasser wohlbekannte Grünalge, hat die Kolonie eine weniger kurze Lebensdauer. Sie wird durch die Zusammenballung von sechzehn Individuen gebildet, die getrennt bleiben, aber aneinander haften. Die Kolonie ist nur in einer Weise entwickelt: Sie hat die Form einer winzigen rechteckigen Platte von schöner grüner Farbe. Im Falle der *Pandorina* nimmt die Kolonie die Form einer kleinen Kugel an. Sie besteht aus sechzehn oder zweiunddreißig Individuen, die unter einer festen Hülle miteinander verbunden sind.

Jedes Mitglied bleibt frei in seinen Aktionen und lässt beide Geißeln durch die Zellwand herausragen. Bei den *Eudoryna elegans* ist die Kolonie fast nach demselben Plan gebildet, außer dass sie aus zweiunddreißig Individuen bestehen, die unter der gleichen Zellwand in gleichen Abständen platziert sind und einander nicht berühren.

In der Gattung *Volvox*[47] werden Kolonien gefunden, deren Struktur sehr kompliziert ist. Das sind große grüne Bälle, geformt durch die Zusammenballung winziger Organismen, die

---

47 **Volvox** ist eine Grünalgen-Gattung die im Süßwasser lebt. Volvox gilt als ein Organismus nahe der Schwelle von der Ein- zur Mehrzelligkeit.

die Oberfläche der Kugel bilden und durch ihre Hüllen miteinander verbunden sind. Sie haben jeweils zwei Geißeln, welche durch die umschließende Membran hindurchtreten und ungehindert auf der Außenseite schwingen. Die Hüllen halten sich gegenseitig fest und bilden sechseckige Figuren genau wie die Zellen einer Wabe. Jedes *Volvox* ist in seiner eigenen Hülle frei. Aber es platziert protoplasmatische Erweiterungen, die durch die Zellwand dringen und die für die Kommunikation mit dem Nachbarn dienen. Wahrscheinlich wirken diese protoplasmatischen Filamente wie telegrafische Leitungen, um ein Kommunikationsnetzwerk zwischen allen Individuen derselben Kolonie herzustellen. Es ist in der Tat notwendig, dass diese winzigen Organismen miteinander in Verbindung stehen, damit sich ihre Flagellen im Einklang bewegen und die gesamte Kolonie als Einheit unter der Herrschaft eines einzigen Impulses wirken kann. Die Zahl der Mikroorganismen, die eine *Volvox*-Kolonie bilden, ist beträchtlich: bis zu 12.000 sind gezählt worden.

Auf ähnliche Phänomene stützte Gruber die Existenz eines diffusen Nervensystems bei den Stentoren. Die gleiche Argumentation kann bei den *Volvox* angewendet werden.

Da die Einmütigkeit der Bewegung bei den zwölftausend Mikroorganismen, die eine Kolonie bilden, nachweisbar ist, muss man schließen, dass ihre Bewegungen durch die Einwirkung eines diffusen Nervensystems im Protoplasma geregelt werden. Diese Schlussfolgerung ist umso interessanter, als diese *Volvox* pflanzliche Mikroorganismen sind.

Im getrennt geschlechtlichen *Volvox* sind einmal die weiblichen und zum anderen die männlichen Zellen in jeweils getrennten Kolonien vereinigt. Wenn die Zeit der Befruchtung kommt, streuen die männlichen Zellen oder Antherozoide und paaren sich mit weiblichen Zellen. Die Kolonie, die die weiblichen Zellen trägt, enthält auch neutrale Zellen, die nicht für die Befruchtung ausgelegt sind. Die Letzteren führen einfach eine Fortbewegungsfunktion aus. Ausgerüstet mit einem Auge und zwei Flagellen, sollen sie die große Kolonialkugel fortbewegen: Sie sind die Ruderer der Kolonie. Die *Volvox*, männlich, weiblich und neutral, suchen alle das Licht, ob solar oder künstlich, und lassen sich in der Nähe der Wasseroberfläche nieder. Sobald die weiblichen Kolonien befruchtet sind, wechseln die Oosporen[48] ihre Farbe: Sie verwandeln sich von grün zu orangegelb. An diesem Punkt sieht man die Kolonie, vom Licht wegziehen und von der Oberfläche des Wassers verschwinden. Diese Lageveränderung erfolgt durch die Vibrationszilien, mit denen jede Neutralzelle ausgestattet ist und die über die Gallertkugel hinausragen. Nachdem man keine Veränderung der Farbe oder Form in den neutralen Zellen nach der Befruchtung bemerkt, kann man fragen, aus welchem Grund sie vor dem Licht fliehen, das sie früher gesucht haben[49].

Kolonien von Proto-Organismen, die durch die Teilung einer Mutterzelle gebildet werden, und deren Segmente miteinander verbunden sind, sind nicht ohne Ähnlichkeit zu einem mehrzelligen Organismus, der ebenfalls aus einer einzigen Zelle, dem Ei, entspringt und dessen entstandene Teilungen sich nicht abtrennen.

Die Kolonie bildet in gewissem Sinne einen ersten Schritt zur physiologischen Konstitution eines vielzelligen Organismus. Sie ist ein Übergangsstadium im Tierreich, zwischen Protozoen und Metazoen (vielzellige Tiere). Eine Tatsache, die diese Analogie unterstützt, ist, dass gewisse Kolonien, wie die *Synura uvella* und die *Uroglena volvox*, sich in zwei andere Kolonien teilen können. Die Aufteilung wirkt auf die Ansammlung, als wäre sie ein mehrzelliger Organismus. Diese

---

48   **Oosporen** ist ein veralteter Begriff für die durch Verschmelzung zweier Geschlechtszellen entstehenden befruchteten Zellen bei Algen und bestimmten Pilzen.

49   s. Henneguy, *Sur la reproduction du Volvox dioique*. Acad, des Sciences, 24. Juli 1876.

merkwürdige Beobachtung wurde von Stein und Bütschli gemacht.

Dennoch trennt ein wesentlicher Unterschied noch die Metazoen und die Protozoen-Kolonien, auch wenn in diesen Kolonien die Funktion der Teilung in mehrere einzelne Gruppen etabliert wurde. Die in diesen Protozoen-Kolonien herbeigeführte physiologische Differenzierung ist das Ergebnis eines Mechanismus, der sich in jeder Hinsicht von dem unterscheidet, wie er bei den Metazoen bewirkt wird. Im letzteren Fall ergibt sich die Differenzierung aus der Teilung des Embryos im Keimblatt, von denen jeder Teil der Ursprung für die Entstehung einer getrennten Gruppe von Organen ist. In einem bestimmten Entwicklungsstadium führt die Überlagerung dieser Keimblätter zur Bildung einer *Gastrula*[50]. Die *Gastrula* besteht aus zwei zusammengefügten Keimblättern, die einen nach außen offenen Beutel bilden. Das ist charakteristisch für Metazoen. Protozoen erreichen dieses Stadium nie. Bestimmte von Haeckel beobachtete Kolonien, die *Magosphaera planula* zum Beispiel, und die *Volvox*, über die wir vorher gesprochen haben, treten in Form einer Kugel auf. Sie erwecken den Eindruck einer früheren Entwicklungsstufe, der man den Namen *Morula* oder der *Blastula* gegeben hat. Aber sie kommen nicht über dieses Stadium hinaus.

Wir haben jetzt Ansammlungen von Organismen betrachtet, die sich wie das Gonium zusammenfügen und manchmal durch ein Materialband, wie bei der Volvox vereint sind, wo die Individuen unter ein und derselben Zellwand zusammengefasst sind. Freiwillige und freie Vereinigungen werden viel seltener angetroffen. Dennoch treten solche Fälle auf. Es gibt Organismen, die ein Leben in der gewohnten Isolation führen, die es aber verstehen, sich zum Zweck des An-

---

50 **Gastrulation** ist eine Phase der Embryonalentwicklung vielzelliger Tiere, zu denen auch der Mensch gehört.

griffs auf die Beute zum gewünschten Zeitpunkt zu vereinigen und so von der zahlenmäßigen Überlegenheit profitieren.

Das *Bodo caudatus* ist ein von außerordentlicher Kühnheit besessenes gefräßiges Flagellatum. Es vereinigt sich in Truppen, um Raubtierchen, die hundertmal größer als sie selbst sind, anzugreifen, zum Beispiel das Heutierchen (Gattung *Colpoda*), die wahre Giganten sind, wenn sie neben dem *Bodo* platziert werden. Wie ein Pferd, das von einem Rudel Wölfe angegriffen wird, wird das Heutierchen bald ohnmächtig. Zwanzig, dreißig, vierzig *Bodos* werfen sich drauf, nehmen es aus und fressen es vollständig auf (Stein).

Alle diese Tatsachen sind von primärer Bedeutung und Interesse, aber es ist klar, dass ihre Interpretation Schwierigkeiten bereitet. Man kann sich fragen, ob die Bodos, die sich konstruktiv in Gruppen von zehn oder zwanzig zusammenschließen, verstehen, dass sie in vereinigtem Zustand mächtiger sind, als im getrennten. Aber es ist wahrscheinlicher, dass unter diesen Organismen keine freiwilligen Vereinigungen für Angriffszwecke stattfinden. Das wäre, ihnen eine zu hohe geistige Kapazität zuzugestehen. Wir können aber zugeben, dass die Versammlung einer Anzahl von *Bodos* aufgrund einer günstigen Gelegenheit geschieht[51]. Wenn eines von ihnen einen Angriff auf ein Heutierchen anfängt, treten die anderen in der Nähe lauernden Tierchen in den Kampf ein, um von der günstigen Gelegenheit zu profitieren.

Es ist extrem schwierig, die Linien einer Psychologie der Proto-Organismen aus so unvollständigen Daten wie die eben gesammelten zu markieren. Wir begnügen uns deshalb mit einigen kurzen Überlegungen.

Das offensichtliche Ergebnis unserer bisherigen Untersuchungen ist, dass die größere Anzahl der Bewegungen und Aktionen, die man bei den Mikroorganismen beobachtet werden, direkte Reaktionen auf Reize sind, die von dem Medium ausgehen, in dem sie leben. Es ist der Zustand des

---

51 Anm. d. Hrsg.: Dazu muss das Bodo aber e r k e n n e n , dass sein Nachbar einen Angriff startet!

Mediums, der allem Anschein nach strikt den Charakter und die Art ihrer Betätigung bestimmt. Mit einem Wort, sie zeigen keine Anzeichen einer Voranpassung.

Aber es wird nicht genügen, die Angelegenheit mit diesem allgemeinen Überblick über das Thema ruhen zu lassen. Wir müssen jedes Detail der Reflexions-Handlungen zur Anpassung genauer untersuchen, beginnend mit der sensorischen Phase und endend mit der motorischen Phase. Eine Analyse offenbart, dass in den Erscheinungen mehrere bestimmende Elemente unterschieden werden können. Diese sind:

1. Die Wahrnehmung eines äußeren Objektes.

2. Die Wahl zwischen einer Anzahl von Objekten.

3. Die Wahrnehmung ihrer Position im Raum.

4. Gewollte Bewegungen, entweder um sich dem Objekt zu nähern und es zu ergreifen, oder um zu fliehen.

Wir sind nicht in der Lage, zu bestimmen, ob diese verschiedenen Vorgänge von Bewusstsein begleitet sind oder ob sie als einfache physiologische Prozesse erfolgen. Auf die Behandlung dieser Frage müssen wir gegenwärtig verzichten.

6.1 Die Wahrnehmung eines äußeren Objektes

Unter den niedrigsten Formen scheint es, dass die Wahrnehmung immer das Ergebnis einer direkten Reizung ist, die durch Kontakt des äußeren Objektes mit dem Protoplasma des Tierchens erzeugt wird. Dies kommt bei den Amöben vor.

Für diese Organismen ist der Kontakt die notwendige Bedingung, ein festes Teilchen wahrzunehmen. Einen Schritt weiter sind jene Organismen, die in der Lage sind, äußere Gegenstände durch Fernkontakt wahrzunehmen, wie man es z. B. beim *Actinophrys* beobachtet, welches alle Körper wahrnimmt, die zufällig, seine langen fadenförmigen Pseudopodien berühren. Doch fungiert in diesem Fall der Pseudopodus lediglich als Teil eines ausgedehnten taktilen Organs. Die vibrierenden Zilien und noch mehr die lange Rute der Mastigophoren ermöglichen es dem Tier, das Vorhandensein von zusammenhängenden Partikeln in einer gewissen Entfernung vom Körper zu erkennen, und zwar durch den Druck, der auf seine Anhängsel ausgeübt wird. Es ist nicht bekannt, ob es viele Raubtierchen gibt, die die Anwesenheit von Nahrung aus der Ferne wahrnehmen, ohne in direkten Kontakt mit ihr zu kommen. Es scheint jedoch, dass dies beim *Didinium* der Fall ist, das seine Beute aus der Ferne attackiert ohne sie zu berühren.

6.2 Nahrungswahl

Wir haben gesehen, dass Mikroorganismen nicht jedes feste Teilchen, das sie antreffen, unterschiedslos absorbieren. Sie üben eine Wahl aus. Unter den niederen Arten ist die Wahl rudimentär auf niedrigster Stufe. Der Organismus beschränkt sich auf das Verschmähen von Mineralpartikeln, z. B. Sand. Organische Substanzen nimmt er aber auf. Unter den höheren Tierarten ist die Wahl intelligenter. Es gibt Infusorien, die sich nur von Pflanzen und Tieren ernähren. Es gibt auch solche, die sich exklusiv von einer einzigen Spezies ernähren.

Diese Ausübung der Wahl ist eines der unverständlichsten Phänomene. Es ist außerordentlich schwierig, diese ohne Rückgriff auf Anthropomorphismus[52] zu erklären. Wenn wir festhalten, was uns die Beobachtung direkt lehrt, so kann man sagen, dass die Wahl aus folgenden Vorgängen besteht:

Wenn das Tierchen bestimmte Substanzen und vor allem jene Substanzen wahrnimmt, die ihm als gewöhnliche

---

52 **Anthropomorphismus** bezeichnet das Zusprechen menschlicher Eigenschaften auf Tiere oder Dinge (Vermenschlichung). Die menschlichen Eigenschaften können sich dabei sowohl auf die Gestalt als auch auf das Verhalten beziehen.

Nahrung dienen, ohne sie zu sehen, so führt es automatisch immer dieselben Bewegungen durch, die aus einem Aufnahmevorgang bestehen. Wenn es die Substanz gesehen hat, berührt, oder mit ihr kollidiert – wie das geschieht, ist eine andere Frage – geht der Mikroorganismus nicht durch den automatischen Ablauf. Das ist das Phänomen. Was die Erklärung desselben betrifft, so haben wir keine.

Wenn bestimmte Infusorien sich ausschließlich auf eine bestimmte Spezies beschränken, so liegt das gemäß E. Maupas daran, dass ihr Mund-Apparat oder Aufnahmeorgan es ihnen unmöglich macht, sich von verschiedenen Spezies zu ernähren, die verschiedenartige Zellhüllen besitzen. Es stellt sich die Frage, ob diese Erklärung nur für bestimmte Fälle anwendbar ist, was uns sehr wahrscheinlich erscheint, oder ob sie vollständig und universell anwendbar ist. Wir bekennen, dass die Hypothese von Maupas nicht erklärt, warum ein jagendes, Trichozysten werfendes Infusorium wie das Didinium, Paramecium aurelia angreift, aber nicht das *Paramaecium bursaria*.

Es ist möglich, dass bestimmte Arten die Organismen, die sie verspeisen, durch einen physikalischen oder chemischen Reiz anlocken.

Die Untersuchungen von Prof. Pfeffer vom Tübinger Botanischen Institut verleihen dieser Hypothese eine gewisse Bestätigung.

6.3 Berechnung der Position des externen Körpers

Es ist eine allgemeine Tatsache, dass Mikroorganismen nicht nur äußere Körper wahrnehmen, sondern auch durch ihre Bewegungen anzeigen, dass sie eine genaue Kenntnis von der Position besitzen, die von diesen Körpern eingenommen wird. Man könnte sagen, dass sie jederzeit einen Sinn für die Position im Raum besitzen.

Der Besitz dieses Sinnes ist ihnen absolut unentbehrlich, denn es genügt nicht, nur von der Anwesenheit eines äußeren Körpers zu erfahren, um sich diesem anzunähern und ihn zu ergreifen. Sie müssen auch ihre eigene Position kennen, um ihre Bewegungen entsprechend zu steuern.

Die einfachste Form des Lokalisationsgefühls findet sich in der Amöbe, die, wenn sie ein Nahrungsteilchen umschließt, stets ihre Pseudopodien an genau jenem Teil ihres Körpers aussendet, an dem die Fremdsubstanz die Reizung verursacht hat. Der komplizierteste Fall einer Lokalisation findet sich beim *Didinium*, das wir so oft zitiert haben. Das *Didinium* kennt genau die Position der Beute, die es verfolgt, denn es zielt wie ein Schütze auf das Objekt seiner Verfolgung und durchlöchert es mit seinen nesselartigen Pfeilen. Zwischen diesen beiden Arten finden wir alle möglichen Fälle der Lokalisation des Wahrgenommenen.

Allerdings bestehen Zweifel bei der Frage, ob die Protoorganismen die Richtung und die Distanz der äußeren Körper kennen oder ob es ihnen nur gelingt, diese nach einer Reihe von probierenden Bewegungen zu erreichen. Die Beobachtungen, die wir zusammengestellt haben, lösen die Frage nicht.

6.4 Bewegungsphase

Wir gehen nun zur motorischen Phase über. Die Bewegungen von Mikroorganismen, als Antwort auf eine Erregung, sind in den meisten Fällen nicht einfache Reflexbewegungen. Es sind vielmehr Bewegungsabläufe, die auf ein Ziel ausgerichtet sind. Wir können es nicht oft genug wiederholen: Diese Bewegungsabläufe werden nicht durch das einfache Phänomen der zellulären Reizbarkeit erklärt.

Sonst würden sie passend zur Reizung variieren. Eine gegebene Erregung würde nur eine entsprechende motorische Antwort erzeugen, ohne das Ziel zu berücksichtigen.

80

Ein Körper, der auf der rechten Seite liegt, bewirkt nicht dieselbe Bewegung, wie ein Körper, der auf der linken Seite liegt. Ein Teilchen der nahrhaften Art provoziert nicht die gleiche Wirkungsweise, wie es ein Teilchen einer anderen Art tut. All dies impliziert, dass Assoziationen im Protoplasma zwischen bestimmten Erregungen und bestimmten Bewegungsabläufen bestehen. Diese Assoziationen ausschließlich auf eine rein physikalische Natur zurückzuführen erscheint uns völlig unmöglich.

7. Befruchtung

Wir betreten nun ein Thema, das von Dunkelheit geprägt ist. Wir werden unsere Untersuchungen auf Infusorien mit Geißeln beschränken, da unter diesen Arten die Befruchtung und die damit verbundenen psychischen Phänomene am besten beobachtet worden sind.

Ehrenberg hatte durch seine Autorität die in der Wissenschaft vorherrschende Meinung eingeführt, dass Kopulation niemals unter Infusorien stattfindet, und dass alle Tatsachen, die von frühen Schriftstellern als damit verbunden angesehen werden, als Phänomene der Längsteilung zu betrachten sind. Diese fehlerhafte Idee herrschte unbestritten bis 1858, als Balbiani eine Mitteilung an die Akademie der Wissenschaften sandte, in der er anzeigte, dass die sexuelle Fortpflanzung gefunden wurde, bei der unter Infusorien eine Kopulation vorausgeht.

Bevor wir auf eine Beschreibung der Veränderungen eingehen, die im Nukleus (Zellkern) und im Nucleolus[53] von Infusorien vor sich gehen, werden wir kurz den Verlauf der psychischen Phänomene skizzieren, welche die bewimperten Infusorien durchmachen, wenn sie zur geschlechtlichen Paarung (Kopulation) bereit sind.

Wir folgen frei Balbianis Fußstapfen, dessen Beschreibung von Gruber als genau bestätigt wurde.

Um die Bedeutung der hier zu erfüllenden Tatsachen voll und ganz zu würdigen, muss daran erinnert werden, dass im ganzen Tierreich dem Geschlechtsakt als Einleitung stets Anzeichen psychischer Aktivität vorausgehen, die recht lange andauern können.

---

53 Als **Nucleolus** bezeichnet man ein kleines Körperchen im Zellkern eukaryotischer Zellen. Es besteht hauptsächlich aus Erbsubstanz (DNA, RNA) und Eiweiß und ist nicht von einer Membran umgeben.

Wenn das Weibchen vom Männchen verfolgt wird, scheint es durch zwei widerstrebende Wünsche bewegt zu werden, entweder dem Männlichen nachzugeben oder seine Annäherungen abzuweisen. Die Zurschaustellung einer Abneigung, die nur vorübergehend und anscheinend weniger real ist, hat die Wirkung, das Männchen anzuspornen, seinerseits eine Zurschaustellung von Kräften zu versuchen, die dazu bestimmt ist, die Frau zu gewinnen. Nach Espinas, der dieses Thema sorgfältig studiert hat, gibt es fünf Klassen von Phänomenen, die bei der Vorbereitung einer sexuellen Vereinigung behilflich sind: Erstens der provokative Kontakt, d. h. der Vorgang, der am meisten physiologische Elemente enthält. Zweitens Geruch. Drittens Farbe und Form. Viertens, Lärm und Töne. Fünftens Spielen oder jede Vielfalt der Bewegung. Es scheint uns, dass fast alle Manifestationen der menschlichen Liebe selbst in diese fünf Kategorien eingeteilt werden können.

Unter den einfachsten Formen des Lebens begegnen wir den Anfängen solcher Erscheinungen, die auf die Vorbereitung zweier Tiere für den Geschlechtsverkehr hinweisen.

„Es ist seltsam," bemerkt Balbiani, „unter diesen Organismen, die alle Zoologen aufgrund ihrer verkleinerten Größe und ihrer extremen Einfachheit der Struktur an der entferntesten Grenze des Tierreiches platziert haben, Handlungen zu finden, die die Existenz von Phänomenen analog des Sexualtriebs einer großen Anzahl von Metazoen kennzeichnen. Bei Annäherung an die Fortpflanzungsperiode kommen die Paramecia aus allen Richtungen der Flüssigkeit herbei und versammeln sich wie kleine weißliche Wolken in mehr oder weniger zahlreichen Gruppen zu Objekten, die auf der Wasseroberfläche schwimmen oder am Rand des Gefäßes haften, das das winzige künstliche Meer enthält, in dem die Tierchen gefangen gehalten werden. Die Notwendigkeit zur Nahrungssuche genügt nicht, um zu erklären, welch intensive Aufregung, in jeder dieser Gruppen herrscht. Ein höherer

Instinkt scheint alle diese kleinen Organismen zu beherrschen. Sie suchen die Gesellschaft des Anderen, jagen einander herum, befühlen sich hier und da mit ihren Zilien, haften für einen Augenblick aneinander in der Stellung des Geschlechtsverkehrs, ruhen dann aus, um bald von Neuem zu beginnen. Wenn diese winzigen Ansammlungen durch Schütteln der Flüssigkeit dispergiert werden, bilden sie sich schnell wieder an anderen Stellen. Diese ungewöhnlichen Eskapaden, mit denen die Tierchen einander zur Paarung zu stimulieren scheinen, gehen oft über mehrere Tage, ehe die endgültige Handlung erfolgt.

Andere Infusorien, besonders die Spirostomen, suchen die tiefsten Stellen der Flüssigkeit auf, oder begraben sich im schlammigen Bodensediment, um nicht wieder herauszukommen, bis sie sich getrennt haben.

Die Stentoren (Trompetentierchen) haben andere Gewohnheiten.

Ihre Stiele heften sich unter Wasser an Pflanzenstücken fest, die sie häufig wie kleine, kurz geschorene Rasenflächen, von grüner, brauner oder blauer Farbe, je nach Art bedecken. Sie drehen den vorderen Teil ihres Körpers, der in Gestalt einer Trompete verlängert ist, in alle Richtungen und versuchen, sich durch die verbreiterte Extremität, die der Glocke der Trompete entspricht, zu vereinigen."

Unter den zahlreichen Arten, die einen Teil der Gruppe der *Oxytrichinae* bilden, weist der Paarungsakt ebenfalls einige interessante Vorspiele auf. Die beiden Individuen, die im Allgemeinen Körper mit sehr stark entwickelten Zilien auf den Unterseiten haben, decken einander bauchseitig ab und verschränken gegenseitig die Zilien der Umgebung, während sie wiederholt die verschiedenen Teile des jeweils anderen Körpers mit ihren Saftröhren oder vorderen Tentakeln berühren. Dieses Vorspiel dauert oft mehrere Stunden, bevor die Kopulation beginnt.

84

Was den Akt der Kopulation selbst betrifft, so ist dieser auch für den Psychologen, der die Präzision bewundern kann, mit der die beiden Individuen die für die Befruchtung notwendige Haltung einnehmen, von großem Interesse.

Während der Paarung sind die beiden bewimperten Infusorien immer an der Mundöffnung miteinander verbunden. Man vermutet, dass die beiden Tiere über diese Öffnung bei der Kopulation den Austausch der Fortpflanzungssubstanz bewirken. Man hat darüber hinaus vorgeschlagen, von einem besonderen Geschlechtskanal ganz in der Nähe des Mundes auszugehen. Aber diese Fragen zur Struktur sind noch nicht eindeutig geklärt.

Das Verhalten dieser Organismen während der Kopulation hängt von der Position des Mundes ab, die bei bestimmten Gruppen seitenständig und in anderen endständig ist.

Die größere Zahl der Arten haben einen seitlichen Mund. Zu dieser Klasse gehört die Gattung Paramecium. Diese Infusorien, in denen die backenseitige Grube am Boden einer tiefen Aushöhlung in der Bauchfläche liegt, decken einander über den ganzen Gesichtsbereich ab und scheiden eine klebrige Substanz aus, die bewirkt, dass sie in dieser Position aneinander haften. Die beiden Münder liegen dann genau aufeinander. Die Kopulation dauert beim *Paramecium* aurelia vierundzwanzig bis sechsunddreißig Stunden. Beim *Paramecium bursaria* dauert es mehrere Tage (fünf oder sechs). Wenn die Oxytrichinen sich vereinigen, verschmelzen die beiden Tiere auf sehr intime Weise mit einem wichtigen Teil des Körpers.

Wir kommen als Nächstes zu der zweiten Gruppe der Infusorien, die einen endständigen Mund aufweisen. Von dieser Art haben wir ein Beispiel im *Didinium nasutum*, dem neugierig jagenden Infusorium. Wir können außerdem noch Coleps, Nassula und Prorodon erwähnen. In dieser Gruppe umschließen sich die beiden Organismen nicht seitlich, sie nehmen eine Position von Ende zu Ende ein, verbunden durch ihre vorderen Extremitäten, der Mund gegenüber dem Mund. Dann, nach und nach, während sie noch an der bauchseitigen Extremität verbunden sind, verschieben sie sich soweit, bis sie sich von Länge zu Länge berühren.

Wir wollen insbesondere, wenn auch kurz, die merkwürdigen Phänomene erwähnen, welche die Befruchtung bei den Glockentierchen begleiten. Noch mehr als in den soeben zitierten Fällen ähneln diese Erscheinungen dem Befruchtungsvorgang höherer Tiere, denn in diesem Fall kommt es zu einer Befruchtung zwischen zwei differenzierten Individuen, von denen eines als männliche und das andere als weibliche Zelle wirkt.

Die Glockentierchen sind Kolonien von Infusorien, in denen sesshafte Individuen vorkommen, die die Form kleiner Krüge haben, und auch losgelöste Individuen (Mikrogoniodia) gefunden werden, die sich durch wiederholte Teilung des Kolonialbaums gebildet haben.

Diese Mikrogonidien bewegen sich auf die genau gleiche Weise wie die Spermatozoen. Engelmann[54] hat ihre Bewegungen verfolgt. Er hat sie herumschwimmen sehen, wie sie sich um ihre Achse fünf oder sechs Minuten lang drehten. Dann haben sie, sobald sie in die Nähe eines Glockentierchens gelangten, plötzlich ihre Bewegungsweise geändert, indem sie wie ein Schmetterling, der um eine Blume schwebt, es berühren, sich zurückziehen und sich dann wieder annähern und es anscheinend befühlen. Endlich, nachdem sie die anderen in der Nähe besucht haben, kehren sie zum ersten Glockentierchen zurück und heften sich an seine Oberfläche. Der Geschlechtsverkehr erfolgt nicht ohne einen gewissen Widerstand des Glockentierchens. Es zieht bei jeder Berührung des Mikrogonidiums, schnell den Stiel zusammen, an dem es befestigt ist, während das Mikrogonidium es daran

---

54 Arch, de Zoolog. expérimentale, Vol. V, 1876.

hindert, von den schnellen Stößen zurückgeworfen zu werden. Und um stets dem Individuum nahe zu sein, mit dem es sich vereinigen will, fesselt sich das Mikrogonidium mit einer sehr feinen Faser am Stiel des Glockentierchens. So verbunden mit seinen Bewegungen und mitgezogen, gelingt es schließlich, eine Vereinigung zu vollziehen und in den Körper des Glockentierchens einzudringen.[55]

Es ist nun an der Zeit, die körperlichen Erscheinungen zu beschreiben, die im Innern der beiden Infusorien stattfinden und die den physischen Akt der Befruchtung darstellen. Die psychischen Erscheinungen, die wir soeben erwähnt haben und die so auffallend den Manifestationen entsprechen, die den Paarungsakt bei höheren Tieren begleiten, sind für sich genommen hinreichende Beweise dafür, dass diese Vereinigung eine sexuelle ist.

Die physischen Veränderungen, die innerhalb der Körper der Infusorien bei der Kopulation bewirkt werden, erstrecken sich nicht auf alle ihre Organoide. Die Hauptmasse des Körpers, das Protoplasma, spielt nur eine sekundäre Rolle in der Angelegenheit. Die Änderung scheint ausschließlich im Zellkern und in der Nukleole zu erfolgen.

Lassen Sie uns weiter darauf hinweisen, dass diese Veränderungen, soweit bekannt, niemals unabhängig vom Geschlechtsverkehr, und vor der Paarung stattfinden. Anscheinend ist es die Kopulation, die bewirkt, dass die Tiere sich unter besonders günstigen Bedingungen durch Zellteilung aktiv reproduzieren. Sobald man sieht, dass die Zellteilung aufhört, kommt wieder die Paarung.

Wir haben nicht die Zeit, die Geschichte dieser wichtigen Frage der Physiologie zu skizzieren, so interessant sie auch sein mag. Es genügt, das zu rekapitulieren, was wir eigentlich über das Thema wissen, wobei wir als unseren Leitfaden im

---

55 *Journal de Micrographie*, 1882, S. 241.

Wesentlichen die Ansichten von Balbiani wiedergeben, der bekanntlich der erste Wissenschaftler war, der die physikalischen Phänomene untersuchte, die mit der Befruchtung unter Infusorien verbunden sind. Die Abweichungen zwischen seinen Beobachtungen und denen eines anderen bedeutenden Forschers, Bütschli, erstrecken sich in Wirklichkeit nur auf Einzelheiten.

Zuerst markieren wir die Veränderungen, die innerhalb der *Chilodonella*[56] *cucullus* während der Paarung stattfinden. Jede der beiden kopulierenden Infusorien besitzt einen Kern (Endoplast, Hauptkern) und dicht neben diesem Kern ein wesentlich kleineres Objekt, ein Begleiterkern oder latenter Zellkern (Endoplastule, Nebenkern bzw. Kernkörperchen). Dieser kleine Körper darf nicht mit der Nukleole verwechselt werden, die sich oft im Innern des Kerns vieler Mikroorganismen und in den Zellen befindet. Der Nebenkern hat eine ganz andere Aufgabe.

Bei diesen beiden Zellen spielt der Kern eine fast kontraproduktive Rolle im Befruchtungsakt. Er nimmt unregelmäßige Umrisse an und wird runzelig, während sich sein Inhalt in separaten Massen unterschiedlicher Größen sammelt: er wird nach und nach durchsichtig und schließlich absorbiert. Er verschwindet dementsprechend durch ein Phänomen der Rückbildung und ohne Teilung.

Befruchtung zielt darauf ab, dieses nutzlose Teil durch einen frisch gebildeten Nukleus zu ersetzen. Letzterer wird auf Kosten des kleinen Körpers hergestellt, den wir mit „latenter Zellkern" oder Begleitkern bezeichnet haben. Der zugehörige Kern wirkt nicht bei der Bildung eines neuen Hauptkerns in der Zelle mit, zu der er gehört. Er findet seinen Weg in den Körper des anderen Tieres, und es ist Aufgabe der

---

56 **Chilodonella** ist eine artenreiche Gattung von Wimpertierchen mit ovalem Körper. Chilodonella cucullus (O. F. Müller) Ehrenberg, 1833

dazu bestimmten neuen Zelle, die Funktion des Kerns zu vollenden.

Im *Chilodon cucullulus*, teilt sich der Begleitkern in zwei gestreifte Kapseln, niemals in mehr. Diese beiden Kapseln wachsen zu ungleichen Größen heran. Die größte erreicht einen Durchmesser von einem vierzigtausendstel Millimeter. Sie bildet den neuen Kern des Chilodon. Die zweite Kapsel schrumpft und wird komprimiert. Sie nimmt ihren Platz neben der ersten ein und bildet den neuen Begleiterkern.

Wir können unsere Aufmerksamkeit auf das Studium dieser Art von Befruchtung beschränken. Es ist die einfachste von allen, und andere Formen können ohne große Schwierigkeiten daraus abgeleitet werden. Was den Prozess in anderen Spezies kompliziert, sind hauptsächlich die aufeinanderfolgenden Modifikationen, durch die der alte Kern vor seiner Absorption hindurchgeht. Im *Stentor coeruleus* hat der Kern die Form eines langen Rosenkranzes oder einer Perlenschnur. Im Augenblick der Befruchtung brechen die Perlen des Rosenkranzes heraus und breiten sich im Protoplasma aus, wo sie schließlich absorbiert werden.

Beim Paramecium verläuft das Phänomen noch anders: Der Kern, der zunächst zu einem Cluster zusammengebunden ist, verlängert sich zu einer sehr langen Schnur, die bricht. Und die Stücke, die sich im Protoplasma verstreuen, werden absorbiert.

Wir finden, dass die Ausbreitung in jedem Fall die Verstreuung und das Verschwinden des alten Kerns einleitet und dass dieser durch einen neuen Kern ersetzt wird, der aus der Umwandlung des zugehörigen Kerns resultiert, der vom anderen Organismus ausgeht.

Die verschiedenen Modifikationen dieses Begleitkerns tragen ebenfalls in hohem Maße zur Komplexität des Phänomens bei. Wir haben gesehen, dass im Chilodon der zugehörige Kern in zwei Kügelchen zerfällt, von denen eines den neuen Kern und das andere den neuen Begleitkern bildet. Beim Paramecium nehmen die Dinge einen anderen Verlauf. Im *Paramecium bursaria* z. B. teilt sich der zugehörige Kern in zwei und dann in vier Kapseln. Eine dieser Kapseln erfährt die Absorption, eine zweite wird zum Begleitkern und die beiden anderen verschmelzen mit den Resten des alten Kerns, und bilden den eigentlichen Kern. Im *Paramecium aurelia* wird die Teilung in acht Kapseln durchgeführt. Drei werden ausgestoßen, und von den fünf übrigen sind vier vorgesehen, den neuen Hauptkern zu bilden. In Wirklichkeit zerfällt jedes Paramecium zuerst in zwei und dann in vier Teile, und jedes dieser vier Individuen nimmt eine der Kapseln mit. Die fünfte Kapsel ist dafür bestimmt, die Begleitkerne dieser vier Organismen zu bilden. Sie teilt sich demnach in zwei und dann in vier Teile. Das heißt, in so viele Teile wie sich der Körper des Tieres teilt.

Es steht völlig außer Frage, dass die Vereinigung in diesem Fall ein sexuelles Phänomen ist.

Ein Umstand, der das von vornherein bestätigt, ist jenes eigentümliche Manövrieren, das die Tierchen durchmachen, bevor sie sich der Kopulation hingeben. Die Bewegungen, die sie ausführen, erlauben einen genauen Vergleich mit den Handlungen, die bei der Kopulation unter höheren Tieren vorkommen. Wir werden aber weiter auf die physiologische Bedeutung der Paarung eingehen, wenn wir auf der Basis der vorliegenden Untersuchungen versuchen, die Funktion des Zellkerns zu erklären.

Man kann die Frage stellen, was der Ausgangspunkt oder die Ursache für die Auslösung dieser Sexualphänomene ist, der sie in Gang setzt. Bütschli denkt, dass die Paarung durch innere Ursachen bestimmt wird. In der Tat ist es so, dass diese direkt nach der sehr aktiven Zeit der spontanen Teilung erfolgt, wie Balbiani gezeigt hat. Wenn wir bedenken, dass der

Zweck der Paarung darin besteht, den alten Kern, der verschlissen ist und nutzlos wurde zu ersetzen, so können wir mit einem gewissen Grad an Wahrscheinlichkeit vermuten, dass der physiologische Zustand des Kerns das sexuelle Stimulans darstellt, das die Infusorien veranlasst miteinander zu kopulieren.

Wie dem auch sei, eine merkwürdige Beobachtung beim Paramecium aurelia hat uns mit einer der strukturellen Bedingungen des Sexualtriebes bei jenem Infusorium bekannt gemacht. Lange Zeit hatte J. Müller auf das Vorhandensein von Filamenten im Kern und sogar auf dem Nukleolus vom Paramecium hingewiesen, die das Aussehen von Spermatozoiden (Samenzellen) hätten. Beobachtungen desselben Effektes haben seitdem zugenommen, und es ist nun bekannt, dass die Filamente Schizomyzeten, parasitäre Bakterien sind, welche ihren Weg zum Kern und Nukleolus finden und sich auf die übliche Art der Zellteilung durch Zergliederung vermehren. Balbiani hat die Natur dieser Filamente durch morphologische und mikrochemische Methoden bestimmt.

Er hat unter anderem herausgefunden, dass sich die Filamente in stark konzentrierten alkalischen Lösungen nicht lösen. Und es ist bekannt, dass Bakterien, die diese besondere Eigenschaft aufweisen, eine große Resistenz gegen destruktive Mittel haben.

In dem Kern, in den sie eingedrungen sind, induzieren diese Parasiten einen pathologischen Zustand, der jede Äußerung des Sexualtriebs bei diesem Infusorium unterbindet. Unter einem Schwarm von Tieren dieser Art, die sich in der Kopulation befinden, werden einzelne Individuen gefunden, die einen Kern und einen Nukleolus aufweisen, die beide vollständig mit Bakterien beladen sind. Manchmal erleiden diese Organoide eine enorme Ausdehnung, wobei der Kern zu nichts anderem, als einer umhüllenden Membran wird, die wie ein riesiger Beutel mit Parasiten gefüllt ist. Das Tier lebt weiter, aber es kopuliert nicht mehr.

92

7.1 Illustrationen zur Paarung von Mikroorganismen

Fig. 7 a. — Positionen vor der Paarung beim *Paramecium aurelia*. (Balbiani.)

Fig. 7 b. — Mehrere Paare von *Stentor caeruleus* fixiert auf einem Conferva Filament, fünfzehnfach vergrößerter Durchmesser (nach Balbiani).

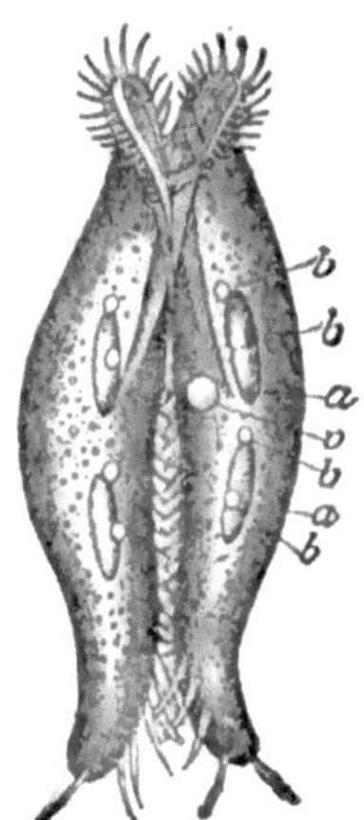

Fig 7 c. Vorläufige Position zur Paarung des *Stylonychia mytilus*. Die beiden Tiere sind an ihren Bauchseiten aneinandergefügt (Balbiani).

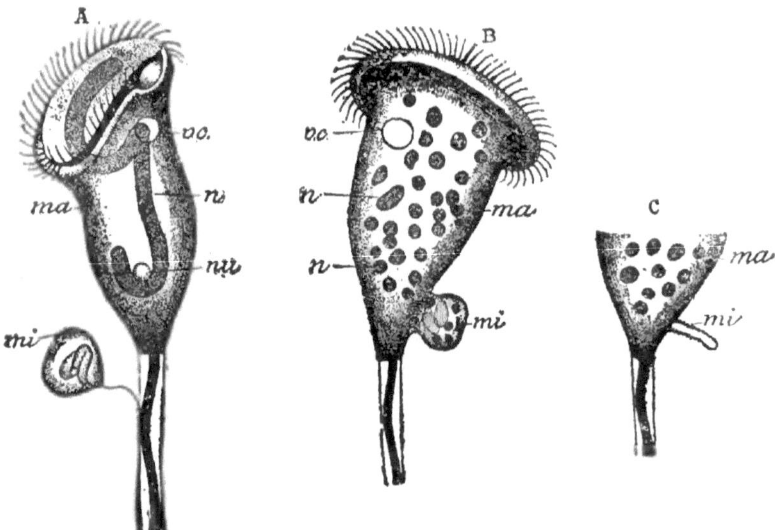

Fig. 7 d. — Gemmiforme Paarung der Vorticellen (Carchesium polypinum). A. erste Stufe: das Mikrogonidium mi hat sich durch einen Faden auf dem Stiel des Makrogonidiums befestigt. B. ein weiter fortgeschrittenes Stadium: das Mikrogonidium hat sich direkt auf dem Körper des Makrogonidiums befestigt, und seine Substanz beginnt, in diese eindringen. Bei beiden Individuen trennt sich der Kern in kleine gerundete Fragmente, und im Mikrogonidium sind die beiden gestreiften Segmente zu sehen, die sich aus der Teilung seines Nukleolus ergeben. C. letzte Stufe der Paarung. Das Mikrogonidium bleibt vollständig am Körper des Makrogonidiums in Form eines winzigen Hohlrohres befestigt, das am Ende abfällt, -- ma, = Makrogonidium; mi = Mikrogonidium; n = Kern; nu = Nukleolus; v.c. = kontraktiles Vesikel. (Abbildungen von M. Balbiani.)

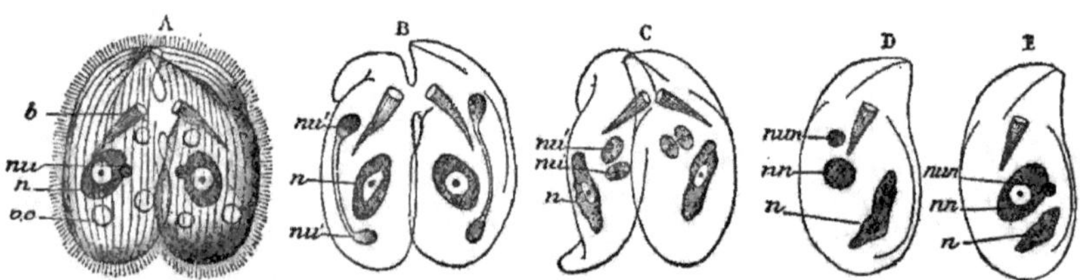

Fig. 7 e. — Paarung des Chilodon cucullulus. A. Beginn der Paarung; b = Mund; n = Kern; nu = Nukleolus; v. c. = mehrere kontraktile Bläschen. B. Teilung des Nucleolus in zwei Segmente, nu', nu'; Der Kern n beginnt Zeichen der Regression zu zeigen. C. jedes der beiden Individuen enthält bei der Paarung zwei zusammengebrachte Nukleolsegmente, von denen eines wahrscheinlich aus dem gegenüberliegenden Individuum kommt und mit dem nicht ausgetauschten Segment zu einem zusammengesetzten Segment fusioniert (Maupas). D. Teilung des Segments in zwei Teile, die zu ungleichen Größen wachsen; der größere, nn, wird der neue Kern, der kleinere, der Nukleolus des neuen Gebildes, nun. E. der alte Kern, der zu einer kleinen blassen und zerknitterten Masse reduziert wird, ist durch den neuen Kern ersetzt, in dessen Nähe der neue Nukleolus nun zu sehen ist. (Abbildungen von M. Balbiani.)

94

Vom *Chilodon cucullulus* ist die Folge der Phänomene dargestellt (die Reihe der Figuren in Fig. 7 e, die Herr Balbiani zur Verfügung gestellt hat, wird dazu dienen, unsere Beschreibung zu verdeutlichen): Die Figur A zeigt den Beginn der Paarung. Jedes Tier ist mit seinem Mund (b) dargestellt, seinen mehrfachen kontraktilen Bläschen (v.c.), seinem Kern (n) und seinem Nukleolus (nu). Der Nukleus wird zum Hauptort der Veränderungen bei der Befruchtung. In der Figur B bezieht sich die Hauptveränderung auf den Nukleolus, in jedem der beiden Tiere hat sich der Nukleolus vom Kern entfernt und hat begonnen, sich in zwei Segmente zu teilen. Der Kern beginnt, Zeichen der Rückbildung zu zeigen. Zwischen der Figur B und der Figur C finden Phänomene von höchster Bedeutung statt, die aber immer noch Gegenstand von Streitigkeiten sind. Aus den vorliegenden Untersuchungen ergibt sich Folgendes als die wahrscheinlichste Interpretation:

Die beiden sich vereinigenden Tiere tauschen miteinander eine der Kapseln aus, die durch die Teilung des Nucleolus produziert wurde, sodass, wenn wir zu der in Fig. C dargestellten Phase des Prozesses gelangen, wir ein Tier vorfinden, das neben seinem Kern zwei Nukleolensegmente in unmittelbarer Nähe (nu' nu') enthält. Es sind die gleichen wie in Abbildung B. Jedes Tier besaß bereits zwei Nukleolensegmente, aber diese Segmente wurden durch Teilung des dem Tier selbst gehörenden Nukleolus gewonnen, während in Figur C infolge eines Austausches eines der Nukleolensegmente ursprünglich jedem Tier angehört und das Andere von seinem Partner kommt.

Balbiani, der die ersten Beobachtungen über diese Phänomene von so feiner und komplexer Natur gemacht hat, meinte ursprünglich, dass die beiden in der Figur C dargestellten, durch Längsteilung des zwischen beiden Tieren, während der Paarung ausgetauschten Nukleolus, erzeugt wurden.

Maupas hat eine andere Erklärung vorgeschlagen, welche durch die zuvor von Balbiani stammende Figur sich noch weiter zu bestätigen scheint. Gemäß Maupas fährt das ausgetauschte Segment fort, mit dem nicht ausgetauschten ein zusammengesetztes Segment zu bilden. So wären die beiden zusammenhängenden Segmente, die in Fig. C gesehen werden, nicht das Ergebnis der Teilung nur eines Segments, sondern die erste Stufe der Paarung zweier Zellen mit unterschiedlichen Ursprüngen. Eine Tatsache, die anscheinend für diese Hypothese spricht, ist das Aussehen der beiden Segmente. Würden die Zellen aus einer Teilung stammen, würden wir dort gewisse Phänomene der Zellkernspaltung (Karyokinese) vorfinden, die jedoch zu der Zeit, als Balbiani seine ersten Beobachtungen machte, völlig unbekannt waren.

Maupas' Erklärung mag wohl richtig sein, wie aus Figur C hervorgeht, wo die Rückbildung des alten Kerns (n) scharf markiert ist.

In der Figur D sind die beiden Nukleolensegmente miteinander verschmolzen und haben ein zusammengesetztes Segment gebildet, das sich in seiner eigenen Gestalt segmentiert. Die beiden neuen Produkte dieser Segmentierung wachsen zu ungleichen Größen heran. Die größte Kapsel erreicht einen Durchmesser von einem vierzigtausendstel Millimeter. Sie bildet den neuen Kern des *Chilodon*. Die zweite Kapsel schrumpft und wird verdichtet, sie nimmt ihren Platz neben der ersten ein und wird zum neuen Nukleolus.

Die Figur E stellt die letzte Stufe des Phänomens dar. Das Tier ist jetzt im Besitz seines neuen Kerns und seines neuen Nukleolus.

Der alte Kern wird sich zu einer kleinen blassen und zerknitterten Masse verwandeln und bald verschwinden.

Um zu rekapitulieren: Wenn man die Meinung von Maupas akzeptiert, der diese Art zwar nicht studiert hat, dafür aber eine ähnliche, dann teilt sich der Nukleolus in zwei Kapseln. Die eine, die den Teil eines männlichen Elements darstellt, wird zwischen den beiden Tieren während der Paarung ausgetauscht und fährt fort mit einer der Kapseln zu verschmelzen, die sich aus der Teilung vom Nukleolus des anderen Tieres ableitet, wobei die andere Kapsel, die den Teil eines weiblichen Elements spielt, in gleicher Weise mit dem männlichen Element verschmilzt, das vom anderen Tier stammt. Das Ergebnis dieser Fusion ist eine zusammengesetzte Kapsel, die einen Teilungsprozess durchmacht und den neuen Kern sowie den neuen Nucleolus des befruchteten Tieres erzeugt.

8. Befruchtung bei höheren Tieren und Pflanzen

Es ist nicht unsere Absicht, eine volle und vollständige Studie über die Befruchtung bei höheren Tieren und Pflanzen durchzuführen. Es gibt nur eine Phase dieses Phänomens, die in unsere allgemeine Studie über Mikroorganismen einfließen soll, und zwar der Werdegang der Geschlechtszellen, ihre Form, ihre Bewegungen und schließlich ihre Kopulation.

Nachfolgend werden wir als Erstes die Tierbefruchtung und die Pflanzenbefruchtung beschreiben. Wir betrachten diese Phänomene besonders vom psychologischen Standpunkt aus.

Unter den Metazoen kann die Befruchtung in zwei verschiedene Vorgänge aufgeteilt werden. Der erste und Offensichtlichste besteht aus der Paarung der beiden Individuen. Über diese werden wir hier nicht sprechen müssen. Es ist ein Phänomen, das außerhalb der Grenzen unseres Untersuchungsgegenstandes liegt. Das zweite, tiefer liegende, besteht in den Erscheinungen, die nach der Kopulation zwischen dem Spermatozoid und dem Ovulum[57] stattfinden.

Es gibt zahlreiche Gründe eine Studie über die Fortpflanzungszellen innerhalb einer allgemeinen Untersuchung der Natur von Mikroorganismen einzuschließen.

Zunächst ist zu berücksichtigen, dass diese beiden Komponenten bei Tieren durch eine einzige Zelle dargestellt werden.

Das Ovulum erscheint als eine kleine mikroskopische Kugel, die von einer Hülle umgeben ist (Vitellinmembran[58]); Sie besteht aus einer Masse granulösem Protoplasma (vitellus,

---

57   Ovulum ist die Samenanlage, das weibliche Fortpflanzungsorgan

58   Die **Vitellinmembran** oder Eihaut ist eine der Zellmembran entsprechende Hülle der Eier, die vom Ei selbst, d. h. vom Eiplasma abgeschieden wird.

d. i. Dotter), die einen Kern (Germinalvesikel[59]) und ein oder mehrere Nukleoli (Keimpunkt) enthält. Die Spermatozoen, bei Wirbeltieren, haben ein ganz anderes Aussehen: Sie sind Filamente von unterschiedlicher Länge, mit einem ausgedehnten Teil oder Kopf und einem sich verjüngenden, schlanken Teil oder Schwanz.

Die Ähnlichkeit, die Spermatozoiden mit Protisten haben, war der Grund, sie zuerst als Tiere anzusehen, die ein parasitäres Leben in der Spermaflüssigkeit führen. Ehrenberg zählte sie zu den polygastrischen Infusorien. Koelliker und Lallemand waren die Ersten, die diese Vorstellung ablehnten und die Ersten, die Spermatozoide als elementare Teile lebender Gewebe betrachteten, die den morphologischen Wert einer Zelle haben. Sie werden nun mit abgelösten zellulären Elementen verglichen.

Was auch immer sie für eine Form annehmen, diese sexuellen Zellen leben als winzige Organismen unabhängig von dem Individuum, aus dem sie stammen. Dieser Umstand ist besonders bemerkenswert im Fall der männlichen Zelle, des Spermiums, das seine Vitalität für einen gewissen Zeitraum nach seiner Ausstoßung behält. Die Länge dieser Periode variiert mit den verschiedenen Arten. Während die von der Forelle ausgeworfenen Spermatozoen nach Ablauf von wenigen Sekunden alle Bewegungen im Wasser verlieren, bleiben diejenigen der Bienen im Samenreservoir des Weibchens für mehrere Jahre am Leben.

Die Samen der Säugetiere leben recht lange Zeit im Genitalbereich des Weibchens. Balbiani hat 20 Stunden nach dem Koitus lebende Spermatozoen in den Kanälen eines Kaninchens gefunden. Ed. van Beneden, Benecke, Eimer und

---

59   Das **Germinalvesikel** ist der Kern einer Eizelle mit der DNA eines einfachen Chromosomensatzes der Mutter.

Fries, haben beobachtet, dass das Sperma seine Eigenschaften im Uterus der Fledermäuse für mehrere Monate behält.

Ein anderer bemerkenswerter Umstand ist, dass die Kopulation der sexuellen Zellen nicht ohne Analogie ist zur Kopulation der beiden Tiere, aus denen sie stammen. Das Spermatozoid und das Ovulum wiederholen in gewissem Maße und im kleinen Maßstab, was die beiden Individuen in ihrer größeren Sphäre ausführen. So ist es das Spermatozoid, das in seiner Eigenschaft als männliche Zelle auf der Suche nach dem Weibchen geht. Es besitzt im Hinblick auf die Wege, die es zu machen hat, Bewegungsorgane, die in der weiblichen Zelle fehlen und für sie nutzlos sind. Das Spermatozoid des Menschen und einer großen Zahl der Säugetiere ist mit einem langen Schwanz versehen, dessen Ende eine kreisförmige konische Bewegung beschreibt, die zusammen mit einer Drehung um ihre Achse die Vorwärtsbewegung des Spermatozoids bedingt. In den Zoosporen der Algen und in Mastigophoren, die mit Flagellen ausgestattet sind, beobachtet man dieselbe Fortbewegung. Der Vergleich der Bewegungen von Spermatozoen mit denen der Flagellaten ist nicht unangemessen.

Andere Spermatozoen, wie die vom Triton oder vom Axolotl, sind mit einer anderen Art Fortbewegungsapparat ausgestattet, der aus einer wellenförmigen Membran besteht, die wie eine echte Flosse wirkt. Das Spermatozoid bewegt sich vorwärts, ohne sich um seine Achse zu drehen.

Es gibt viel Diskussion über die Natur der Kräfte, die für die Bewegungen der befruchteten Zellen verantwortlich sind.

Die frühen Forscher, die sich mit dem Studium der mikroskopischen Tierchen beschäftigten, schrieben ihnen natürliche, spontane und freiwillige Bewegung zu. Da das Spermatozoid als nichts anderes als eine Gewebszelle betrachtet wurde, wurden endosmotische, hygroskopische und ähnliche Wirkungen bei ihrer Erklärung akzeptiert. Balbiani, von dem wir die vorstehenden Einzelheiten übernommen haben, erklärt, dass das Heranziehen solcher Wirkungen überhaupt keine Erklärung ist. Denn bei der endgültigen Analyse könnten sonst alle Arten von Bewegungen auf eine chemische oder physikalische Wirkung reduziert werden – wie Bewegungen des Protoplasmas eines Einzellers, Bewegungen der Zilien oder ebenso freiwillige Bewegungen. „Ich selbst", fügt unser Wissenschaftler hinzu, „glaube, dass sich die Spermatozoiden nicht blind bewegen, sondern dass sie in Abhängigkeit von inneren Antrieben handeln, und so zu einer Art von Willensentscheidung kommen, die sie zu einem bestimmten Objekt führen[60]. Die Versuche von Balbiani haben gezeigt, dass mit schwachen Lösungen von Äther und Chloroform die Bewegungen der Spermatozoen gemildert werden und diese so langsam aufhören, dass sie noch in der Lage sind, die Eizellen zu befruchten.

Endlich wird die Spermazelle, die sich auf die zu befruchtende Eizelle richtet, durch denselben Sexualtrieb belebt, der den Elternorganismus auf sein Weibchen lenkt.

Bei den höheren Tieren zeigen die Bewegungen des Spermatozoids, welches das Weibchen zu erreichen sucht, einen eigentümlichen Charakter, dem es besonderes Gewicht beizumessen gilt: Die Bewegungen scheinen nicht direkt durch ein äußeres Objekt hervorgerufen zu werden, wie es bei den Mikroorganismen der Fall ist. Die Spermatozoen bemühen sich, ein oft weit entferntes Ovulum zu erreichen; Dies ist besonders bei Tieren der Fall, die sich im Körperinneren befruchten, etwa bei Vögeln und Säugetieren.

Die Befruchtung findet im Eileiter statt. Eine Tatsache, die wichtig ist, um sie allgemein zu erwähnen, ist die Länge der Wegstrecke, die das Spermatozoid überwinden muss, bevor es zur Eizelle gelangt.

---

60   La Génération des Vertébrés, p. 159.

Lassen Sie uns nun dem Spermatozoid auf seinem Weg zur Eizelle folgen. Es ist bekannt, dass die Wegstrecke, die es überwinden muss, in bestimmten Fällen extrem lang ist. So misst der Eileiter bei der Henne 60 Zentimeter und bei großen Säugetieren haben die Wege eine Länge von 25 bis 30 Zentimetern. Wir könnten uns fragen, wie solch zerbrechliche und winzige Kreaturen zu einer Fortbewegungskraft kommen, die so groß ist, dass sie einen so langen Weg überwinden können. Eine Beobachtung offenbart zudem die Tatsache, dass sie in der Lage sind, Hindernisse zu überwinden, deren Größen weit jenseits des Verhältnisses zu ihren Proportionen liegt. Henle hat Spermatozoiden gesehen, die Massen von Kristallen mit sich tragen, die zehnmal größer als sie selbst sind, ohne ihre Geschwindigkeit merklich zu vermindern. F. A. Pouchet hat gesehen, wie sie Trauben von acht bis zehn Blutplättchen tragen. M. Balbiani hat die gleiche Tatsache bestätigt. Diese Kügelchen, die sich am Kopf des Spermatozoids befestigen, haben jedes ein doppeltes Volumen des Kopfes. Laut Welcker, beträgt das Gewicht eines menschlichen Blutplättchens 0,00008 Milligramm, wenn man für das Spermatozoid das gleiche Gewicht ansetzt, kann dann sagen, dass es in der Lage ist, eine Last zu tragen, die vier- oder fünfmal schwerer als es selbst ist.

Die Länge des zurückgelegten Weges ist hierbei nicht der einzige bemerkenswerte Umstand.

Der Weg zur Eizelle enthält auch Sackgassen und sonstige Schwierigkeiten. In diesem Zusammenhang ist eine interessante Beobachtung des Seidenwurms gemacht worden: „Im Augenblick der Vereinigung setzt das Männchen seine Samenflüssigkeit in einem speziellen Sack, dem Paarungssack, ab. Am darauffolgenden Tag ist dieser vom Sperma ausgedehnte Sack ganz schlaff geworden, und fast alle Spermatozoen sind in einen anderen Sack gewandert, der sich im Eileiter gegenüber dem ersten öffnet. Dort warten sie, um die Eizelle beim Vorbeigehen zu befruchten. Nun haben die

Wände des Paarungssacks keine kontraktile Kraft, und der Übergang der Spermatozoen von einem Sack zum anderen kann nur einer spontanen Bewegung zugeschrieben werden. Darüber hinaus gibt es eine Tatsache, die gut geeignet scheint, dies zu überprüfen, nämlich dass im Paarungssack ein paar fehlgeformte Samenzellen zurückbleiben, die nicht mehr fähig sind, sich fortzubewegen."[61]

Lassen Sie uns nun das zur Kenntnis nehmen, was in dem Augenblick geschieht, an dem Spermatozoide und Eizelle miteinander in Berührung kommen. Die aufeinanderfolgenden Phänomene, die dann stattfinden, wurden sorgfältig von Fol in seinem Werk über den Sternfisch (*Asterias glacialis*) untersucht. Die Eizelle hat keine Hüllmembran. Sie wird nur von einer weichen und flockigen Schleimhaut bedeckt. Die Spermatozoen kommen in großer Zahl hervor und schieben sich in diese Schicht hinein. An diesem Punkt werden sie alle zum Stillstand gebracht und verstricken sich miteinander, mit Ausnahme von einem, das, schneller in seinen Bewegungen, die anderen überholt und gleich unter der Oberfläche des Vitellus (Protoplasma der Eizelle) ankommt. Zu diesem Zeitpunkt und noch vor jeder Berührung findet ein merkwürdiges Anziehungsphänomen zwischen der Eizelle und dem Spermatozoiden statt. So sieht man, dass sich die periphere Substanz der Eizelle vor dem Spermatozoiden in Form eines winzigen Auswuchses erhebt.

Fig. ' 8. — Ein kleiner Teil der Eizelle eines Sternfisches (*Asterias glacialis*), der die Bildung des Konus der Anziehung zeigt. (Nach Fol.)

Dieser Auswuchs hat zunächst eine abgerundete Form, wird dann dünner und bildet einen Punkt, der zum Spermatozoid vorrückt. Dieser Punkt wird der Anziehungskegel genannt (siehe Fig. 8). Der Kopf des Spermatozoids befestigt sich auf den Kegel, der ihn in sein Inneres zu ziehen scheint. Der Schwanz des Spermatozoids

61   Balbiani, Comptes Rendus de l'Acad. des Sciences, 1869.

scheint nicht in das Innere der Eizelle einzudringen und an dem Befruchtungsprozess teilzunehmen, der nur aus der Verschmelzung des Spermatozoid-Kopfes mit dem Zellkern besteht.

Sobald der Kopf des Spermatoids in das kleine Ei eingedrungen ist, bedeckt sich diese mit einer Hülle, um sich gegen die anderen männlichen Zellen zu schützen. Es scheint in der Tat gut geklärt zu sein, dass das Eindringen in den Vitellus durch weitere Spermatozoen den Beginn einer nachteiligen Veränderung markiert: Die anschließende Segmentierung der Eizelle wird unregelmäßig, und die Entwicklung hört auf.

Die Membran, mit welcher sich die befruchtete Eizelle der *Asterias glacialis* umhüllt, wird durch eine Ausscheidung der peripheren Schicht des Vitellus gebildet. Die Ausscheidung beginnt an der Stelle, wo das Spermatozoid eindringt, und breitet sich allmählich über die ganze Oberfläche der Eizelle aus. Die Bildung dieser schützenden Membran wird so rasch bewerkstelligt, dass der Zugang zu den Eizellen für Spermatozoen versperrt ist, die nur wenige Sekunden hinter der Ersten zurückliegen.

Die sexuelle Selektion wirkt also unter den Spermatozoiden ebenso wie bei allen Tieren. Das beweglichste und stärkste Spermatozoid, das zuerst in die Eizelle eindringt, bewirkt die Befruchtung. Die von Darwin sorgfältig entwickelten Selektionsgesetze gelten nicht nur für Individuen. Sie gelten auch für Fortpflanzungszellen.

Es würde zu weit führen, die aufeinanderfolgenden Modifikationen zu beschreiben, die der Kopf des Spermatozoids nach seinem Eintritt in die Eizelle erfährt. Wir können einfach sagen, dass der Kopf das Aussehen einer strahlenartigen Gestalt, einer verkleinerten Sonne, annimmt, die zum weiblichen Kern vorrückt. Im selben Augenblick tritt der weibliche Kern in Aktion und setzt sich in Bewegung auf den Spermium-Kern zu. Wenn die beiden Kerne kurz davor sind, sich zu berühren, ist es insbesondere der weibliche Kern, der dann die aktive Rolle spielt. Er wird durch unaufhörliche Bewegungen angeregt, und jeden Augenblick ändert er seine Gestalt. Er bildet Verlängerungen in Richtung des männlichen Kerns aus, und eine dieser Verlängerungen schließt sich an die vorhergehende an und bringt am Ende eine winzige Vertiefung in Form eines Bechers hervor, die den männlichen Kern aufnimmt. Die beiden Kerne verschmelzen ineinander, während sie sich aktiv bewegen. Auf diese Weise ist der erste Kern der Segmentation entstanden.

Selenka hat interessante chronologische Daten über den Zeitablauf des Auftretens der verschiedenen Phänomene geliefert. Die Zeit wird jeweils ab dem Zeitpunkt der künstlichen Befruchtung genommen. Nach Ablauf von fünf Minuten hat das Spermatozoid den Eintritt in die Eizelle erzwungen.[62] Nach Ablauf von zehn Minuten (das heißt, fünf Minuten nach dem Eintritt), hat es das Zentrum der Eizelle erreicht. Nach zwölf Minuten hat sich der weibliche Kern in Bewegung gesetzt, um den spermatischen Kern zu treffen.

Durch diese Öffnungen dringen sie in die Zellen ein und verschmelzen mit den unbeweglichen, eiförmigen Körpern, die nichts anderes als Zoosporen sind.

Fig. 9. — Sexuelle Reproduktion des *Ecto ~ carpus siliculosus*. Verschiedene Stadien der weiblichen Zoospore beim Eintritt in den Ruhezustand (nach Berthold).

Die psychischen Phänomene, welche diese Art der Paarung begleiten, können noch komplizierter sein, wie die Beobachtung zeigt, die Berthold auf die Paarung der Zoosporen des *Ectocarpus siliculosus* gemacht hat. Das *Ectocarpus* gehört zu einer Gruppe von Algen, die durch die Anwesenheit von mobilen Sporen gekennzeichnet ist, welche die Pflanze reproduzieren. Diese Zoosporen sind kleine birnenförmige Zellen, von denen

---

62   M. Balbiani, Court sur la fécondation, passim. Journal de Micrographie Vol. III. 1879.

das sich verjüngende Ende farblos ist, und das abgerundete Ende eine bräunlichgrüne Färbung zeigt, die auf das Vorhandensein eines ausgedehnten Farbstoffträgers (Chromatophor) zurückzuführen ist. Am Rande des Chromatophors befindet sich eine scharf markierte tiefe Einbuchtung, die ein Auge zu sein scheint. Jede Zoospore ist zusätzlich mit zwei Flagellen ausgestattet, die von der gleichen Stelle des vorderen seitlichen Randes aufsteigen. Eine dieser Flagellen weist nach vorne und die andere nach hinten.

Wenn die Zoosporen in Freiheit ausgesetzt werden und anfangen, im Wasser zu schwimmen, passieren sie einander ohne sich zu beachten. Die weibliche Zelle zieht die männlichen Zellen nicht an, von denen sie sich übrigens durch keinerlei morphologische Kennzeichen unterscheiden. Aber zu einem gegebenen Zeitpunkt beginnt die weibliche Zoospore sich von den männlichen Zellen zu unterschieden, indem sie in einen Ruhezustand übergeht, weshalb die Basis des seitlich eingesetzten vorderen Flagellums, mit dem vorderen Teil des Körpers verschmilzt, mit dem Effekt, dass das Flagellum aus den Extremitäten emporzuwachsen scheint.

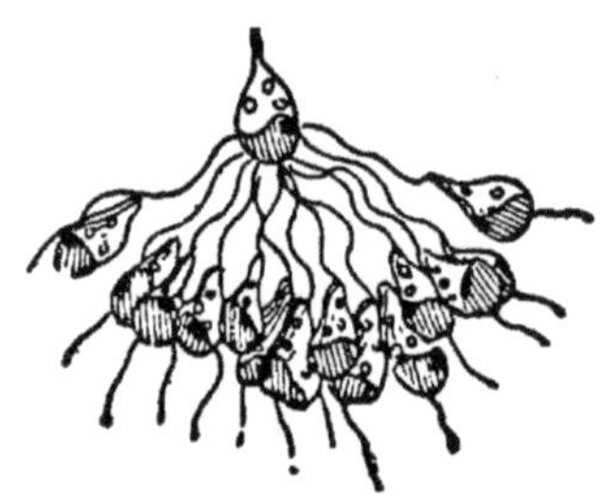

Fig. 10. — Sexuelle Reproduktion des *Ectocarpus siliculosus.* Weibliche Zoospore umgeben von männlichen Zoosporen.

Gleichzeitig zieht es sich zusammen und bringt an seinem freien Ende einen leichten Vorsprung heraus, der es der Zoospore erlaubt, sich an einer unbeweglichen Stelle zu befestigen. Was das hintere Flagellum betrifft, so zieht sich dieses auf das Hinterteil zurück, das es enthält, und verschwindet schließlich. – Ist die weibliche Zoospore unbeweglich geworden, so sieht man, wie die bis dahin interesselosen männlichen Zoosporen diese in einem Halbkreis umlagern. Die Zahl der Zoosporen, die sich so treffen, ist bedeutend. Sie übersteigt häufig einhundert Individuen (Fig. 10).

106

Die männlichen Zoosporen lassen ihr zweites Flagellum locker hinter sich treiben, während sie ihre vorderen Fäden auf die weibliche Zelle richten. Diese Fäden ziehen sie hin und

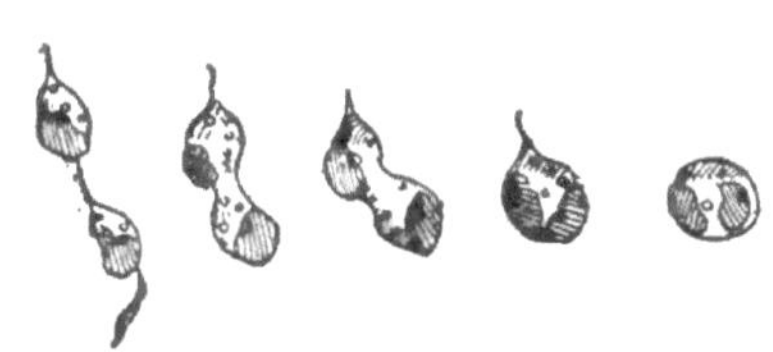

her über den weiblichen Zellkörper. Sie vollführen auf ihr echte Reizhandlungen, deren Zweck es offenbar ist, in der weiblichen Zoospore eine genitale Erregung hervorzurufen, wie das Folgende beweist. Es passiert manchmal, dass mehrere der

Fig. 11. — Sexuelle Reproduktion des *Ectocarpus siliculosus*. Aufeinanderfolgende Stadien der Kopulation einer weiblichen Zoospore mit einer der männlichen Zoosporen.

männlichen Zoosporen den Haufen verlassen und sich auf und davon machen[63]. Sie werden sofort durch andere ersetzt, die ihre Filamente in gleicher Weise einsetzen, um das Weibchen zu streicheln. Nach Ablauf einer gewissen Zeit verlässt eine der Zoosporen den Halbkreis und nähert sich dem Weibchen.

Die beiden Zoosporen vereinigen sich. Nachdem sie die in der Figur gezeigte Abfolge von Veränderungen durchlaufen haben, - und sobald die Paarung abgeschlossen ist, - verliert die weibliche Zelle ihren Befestigungsfaden und eine kleine Zygote (befruchtete Eizelle) wird als Ergebnis der Paarung freigesetzt.

Im Fall dass die männliche Zoospore eine lange Wegstrecke absolvieren muss, um die weibliche Zoospore zu erreichen, ist man davon ausgegangen, dass diese eine Substanz absondert, die auf die männliche Samenzelle als chemischen Reiz einwirkt und die Richtung anzeigt, die die letztere verfolgen soll. Diese Hypothese wurde von Strasburger vorgeschlagen, der gezeigt hatte, dass die Spermatozoen der *Marchantía polymorpha* von der Substanz angezogen werden, die aus dem

---

63   Dieses letzte Faktum kann für den Nachweis eines Bewusstseinsprozesses verwendet werden. Vgl. dazu auch den Nachweis von rudimentären Bewusstseinsprozessen bei Pflanzen im Buch: Adolf Wagner u. Klaus-Dieter Sedlacek, *Wie intelligent sind Pflanzen?* – Norderstedt (2016), S. 202-217

Archegonium[64] stammt. Die Hypothese kann durch ein künstliches Befruchtungsexperiment mit Fisch-Eiern überprüft und bestätigt werden. Das dem flüssigen Präparat hinzugefügte Spermium verbreitet sich nicht homogen in allen Richtungen. Man beobachtet wie die Spermatozoen in großen Massen um die Eizelle herumwirbeln. Man muss ferner annehmen, dass ein spezifischer Reiz unbekannter Natur existiert, welcher das Spermatozoid in Richtung des Keimlochs (Mikropyle) anzieht. Diese winzige Öffnung, deren Durchmesser kaum der des Kopfes eines Spermatozoids beträgt, ist die einzige Mündung, durch welche die männliche Zelle in die Eizelle eindringen kann, um sie zu befruchten.

Diese genialen Hypothesen wurden durch die sehr interessanten Experimente über die Bewegungen der Spermatozoen von Pfeffer, Professor an der Universität Tübingen, verifiziert.[65] Pfeffer entdeckte, dass bestimmte chemische Stoffe tatsächlich die Eigenschaft haben, manche Spermatozoen-Arten anzuziehen.

Die Art der Durchführung des Experiments ist wie folgt. Eine Lösung der zu untersuchenden Substanz wird in ein kleines Kapillarröhrchen mit einem Lichtspalt von fünf bis sieben Hundertstelmillimeter Breite gelegt. Dieses Kapillarröhrchen wird in einem mit Flüssigkeit bedeckten Uhrenglas eingetaucht, in welcher eine Menge Spermatozoiden platziert worden sind. Unter diesen Umständen treten bald Diffusionsströme zwischen dem Röhrchen und der Flüssigkeit im Uhrenglas auf, und wenn die Substanz, mit der wir experimentieren, die geeignete ist, sehen wir, wie die Spermatozoen den Diffusionsströmen folgen und in das Röhrchen eindringen.

---

64 Das **Archegonium** ist das weibliche Fortpflanzungsorgan der Moose, Gefäßsporenpflanzen und Nacktsamigen Pflanzen, in denen die Eizelle gebildet wird.

65 Pfeffer, *Untersuchungen aus dem botanischen Institut zu Tübingen*, Vol. 1. Leipzig. 1884, S. 363.

Die Substanz, die diese Anziehung tatsächlich ausübt, variiert mit den Pflanzen. Der Autor begann mit dem Experimentieren an Spermatozoen bestimmter Farne (*Adiantum cuneatum*). Nach zahlreichen fruchtlosen Versuchen erwies sich eine Substanz und nur eine einzige, nämlich eine Lösung von Äpfelsäure oder apfelsaurem Ester (Malat) als die geeignete. Es ist also zu vermuten, dass Apfelsäure im organischen Reich diejenige Substanz sein muss, die als chemischer Reiz auf Spermatozoen von Farnen wirkt und sie zur weiblichen Zelle leitet.

Nach Pfeffers Hypothese findet das eigentliche Verfahren in folgender Weise statt. Die Sporen eines Farns, die auf feuchten Boden fallen, keimen und entbinden einen grünen herzförmigen Sprössling, das *Prothallium*, aus dem die männlichen Sexualorgane oder *Antheridien* und die weiblichen Sexualorgane oder *Archegonien* entstehen. Zu einem bestimmten Zeitpunkt treten aus dem Antheridium lang gestreckte, spiralförmig gedrehte und extrem bewegliche Zellen aus, das sind die Spermatozoen. Diese sind mit vibrierenden Zilien ausgestattet, mit deren Hilfe sie sich auf die Suche nach der weiblichen Zelle begeben können. Im gleichen Augenblick öffnet und entleert das weibliche Sexualorgan, das *Archegonium*, eine schleimige Substanz, die Apfelsäure oder ein Malat enthalten muss, denn diese chemische Verbindung ist die spezifisch anreizende Substanz für Farn-Spermatozoen.

In einem Tropfen Tau, der auf das Prothallium fällt, schwimmen die Spermatozoen herum und nähern sich der weiblichen Eizelle, die sie mithilfe der Wirkung von Apfelsäure anlockt.

Eine Bestätigung dieser Hypothese ist vor allem die Tatsache, dass alle untersuchten Substanzen mit Ausnahme von Apfelsäure und apfelsaurem Ester vollständig wirkungslos geblieben sind. Ein anderer Beweis ist, dass Apfelsäure in Prothallium-Abkochungen der *Pteris serrulata* und der *Adiantum capillus veneris* gefunden wird. Noch ein Beweis ist der Umstand, dass Apfelsäure weitgehend im ganzen Pflanzenreich verbreitet ist.

Der Autor hat in diesem Zusammenhang eine Reihe von sorgfältig durchgeführten Experimenten über den Grad der Konzentration angestellt, die notwendig ist, um die Spermatozoen anzuziehen. Die untere Grenze, bei der die Anziehung beginnt, ist eine Apfelsäurelösung im Verhältnis von 1 zu 1000 Teilen. Dies hat der Autor durch ein Lieblingswort der Deutschen bezeichnet: *Reizschwelle* oder, mit anderen Worten, die Schwelle der Erregung.

Wenn die Lösung im Uhrglas einen Teil Apfelsäure zu jeweils tausend Teilen Lösungsmittel enthält, um die Spermatozoiden weiter in das Röhrchen zu locken, muss die in dem Röhrchen gehaltene Lösung dreißigmal so stark sein, oder 30 x 1:1000 = 3:100. Wenn die Flüssigkeit im Uhrglas einen Teil Apfelsäure auf je hundert Teilen Lösungsmittel enthält, so muss die Lösung im Kapillarröhrchen dreißigmal so stark sein, also drei Zehntel.

Der Autor vergleicht das Ergebnis dieser Experimente mit Recht mit dem von Weber vorgelegten Gesetz, das Delboeuf glücklicherweise folgendermaßen formuliert hat:

„Der geringfügigste Unterschied, der zwischen zwei Erregungen derselben Art gerade noch fühlbar ist, beruht auf einer effektiven Differenz, die proportional zu den Erregungen selbst zunimmt."

Um also zu sagen, dass ein Gewicht schwerer ist als ein anderes, muss es je nach Individuum ein Drittel bis ein Fünftel schwerer als das ursprüngliche Gewicht sein. Um zum Beispiel bei einem Originalgewicht von drei Gramm, einen Unterschied wahrnehmen zu können, müssen wir ein Drittel von drei Gramm, also ein Gramm hinzufügen. Bei vier Gramm müssen wir ein Drittel von vier Gramm oder ein und ein drittel Gramm, hinzufügen usw. [66]

Nach Pfeffer ist die Anwendung des Gesetzes von Weber auf seine Experimente so genau, dass die Spermatozoen unbeeinflusst bleiben, wenn die Lösung im Kapillarröhrchen nur zwanzigmal stärker ist als die des Uhrglases. Ferner wird die Anwendung des Gesetzes durch Temperaturschwankungen innerhalb bestimmter Grenzen nicht beeinflusst. So reagieren die Spermatozoen bis zu einer Temperatur von $+5^0$ sensibel auf eine Flüssigkeitskonzentration, die dreißigmal so stark ist wie diejenige, in der sie sich befinden.

Unter Berücksichtigung der Berechnungen bei diesen Versuchen ist es dem Verfasser gelungen, die ungefähre Apfelsäuremenge zu bestimmen, die im Archegonium enthalten sein muss. Diese Menge liegt wahrscheinlich im Verhältnis von drei Zehnteln.

Die Spermatozoen der *Selaginella* werden ebenso in gleicher Weise von Apfelsäure und apfelsaurem Ester angezogen. Was die *Marciliaceae* betrifft, so ist die spezifische Substanz nicht entdeckt worden (Stand 1894).

Das gleiche Versagen auch im Fall der *Hepaticae*. Der Autor schließt daraus, dass die Substanz, die in diesen beiden Fällen wirkt, im ganzen Pflanzenreich nur wenig verbreitet sein kann.

Für die Spermatozoen der *Funaria hygrometrica* (Confervae) ist die wirksame Substanz Rohrzucker. Keine andere Substanz zieht sie an. Die Spermatozoen bleiben auch bei ähnlichen Substanzen, die dem Rohrzucker chemisch am nächsten kommen, unbeeinflusst. Wir erwähnen beispielsweise Fruchtzucker ($C_6H_{12}O_6$), Traubenzucker oder Glucose, Glykogen, Manna, Milchzucker usw. Diese Substanzen üben keine Anziehung auf die Bewegungen der Spermatozoen aus,

---

66   Consult Ribot, Psychologie allemande, S. 161.

während der Rohrzucker eine Anziehung ausübt, die so kraftvoll ist, dass die Kapillarröhre sofort mit ihnen vollgestopft ist. Der Reiz induziert zuerst im Spermatozoid eine Bewegungsrichtung: Der Körper wird in eine Position gebracht, die es ermöglicht, das Röhrchen in gerader Linie zu erreichen. Dasselbe Phänomen wurde von Strasburger im Fall von Algen-Zoosporen beobachtet. Wenn diese kleinen Wesen durch einen chemischen oder Lichtreiz angezogen werden, ist das Erste, was geschieht, die Drehung des Körpers zur anziehenden Quelle.

Eine Lösung von einem Teil zu tausend ist bereits ausreichend konzentriert, um die Spermatozoen von Moosen in die Kapillarröhrchen zu ziehen. Die Reizschwelle ist für sie dementsprechend die gleiche wie für die Spermatozoen von Farnen. Ferner wird das Webergesetz in diesem Fall erneut verifiziert. Wenn allerdings durch chemische Reizwirkung eine andere Anziehung hervorgerufen werden soll, muss diese stärker sein als der erste Reiz, und zwar im Verhältnis von 50 zu 100. Bei den Experimenten mit den Spermatozoen von Farnen ist das Verhältnis etwas kleiner. Es ist nur 30 zu 100.

Der Verfasser stellt sich die Frage, ob durch eine Erhöhung des Konzentrationsgrades etwa ein Punkt erreicht würde, an dem sich die Anziehung in Abstoßung umwandelt. Er hat das Experiment nicht durchgeführt, aber er hat bemerkt, dass eine große Anzahl von Spermatozoiden noch in das Röhrchen eindringt, wenn es eine Lösung im Verhältnis von 15 bis 100 enthält, ungeachtet der Tatsache, dass sie dort einem schnellen Tod begegnen.

Die allgemeine Schlussfolgerung, die aus diesen zahlreichen Experimenten folgt, ist erstens, dass die Spermatozoen für bestimmte chemische Reize empfänglich sind und folglich in jeder Pflanzengruppe eine spezielle Substanz existiert, die eine Rolle als spezifischer Erreger für die Spermatozoen spielen. Der Autor zögert nicht, die Spermatozoiden als physiologisches Reagens dieser Substanzen zu betrachten, wodurch schwache Spuren derselben in einer flüssigen Lösung nachgewiesen werden können. Er kommt so zu einem *Spermatozoidtest*, der nicht ohne Analogie mit dem von Engelmann erfundenen *Bakterientest* ist. Beispielsweise lässt sich der Test auf folgende Weise anwenden: Von Mosses wurde ein Kräutersud vorgestellt, der die Eigenschaft habe Spermatozoen anzuziehen. Der Verfasser kam zu dem Schluss, dass der Sud Rohrzucker enthalten muss.

9. Warum psychisches Leben eine Eigenschaft lebender Materie ist

Es wäre von höchster Wichtigkeit, zu wissen, wo der Ort der Lebensphänomene im Zellkörper der Mikroorganismen zu finden ist. Wir haben gesehen, dass Mikroorganismen das Äquivalent einer einfachen Zelle sind, die nach dem klassischen Plan des Protoplasmas, einem Zellkern und einer umhüllenden Membran zusammengesetzt ist.

Jedes dieser Elemente spielt bei den Lebensphänomenen dieser Wesen eine besondere Rolle. Seit Langem haben Wissenschaftler dem Protoplasma Bewegung, Sensibilität und die Aufnahme von Nährstoffen zugeschrieben. Dies war das Ergebnis direkter Beobachtung. Wenn man z. B. eine Amöbe beobachtet, so sieht man, dass das Protoplasma einer Formänderung unterworfen ist und Pseudopodien hervorgebracht werden, entweder um eine Lageveränderung zu bewirken oder um Nahrungssubstanzen zu ergreifen. Das Protoplasma scheint demnach der alleinig Handelnde aller dieser Erscheinungen zu sein. Das Gleiche gilt für die schwingenden Zilien der Wimpertierchen, welche zugleich Bewegungs-, Greif- und Berührungswerkzeuge sind. So sind die spezifischen Aufnahmewerkzeuge, die Sauger der *Acinetinidae, nichts* anderes als äußere Erweiterungen des eigentlichen Protoplasmas.

Was die Hüllmembran betrifft, so kann dieselbe keine psychische Funktion auslösen: Erstens, weil sie ein Produkt der protoplasmatischen Sekretion ist und zweitens, weil diese bei vielen Protozoen und sogar bei vielen mikroskopischen Raubtierchen fehlt, die eine ziemlich hohe Organisation besitzen, und trotz ihrer Nacktheit, Merkmale eines psychischen Lebens aufweisen, die genauso komplex sind wie diejenigen, die bei Infusorien mit Zellwand beobachtet werden. Der Vorgang, der durch den Zellkern gesteuert wird, offenbart sich

114

nicht so deutlich bei einer direkten Beobachtung. Er führt unter gewöhnlichen Lebensbedingungen keine Bewegungen aus, sondern bleibt regungslos, und von allen Seiten durch das Protoplasma umgeben, in der Mitte des Zellkörpers. Im Gegensatz zum Zellkörper hat der Kern keinen direkten Kontakt zur Außenwelt.

Die ersten Phänomene, die es uns ermöglicht haben, Hypothesen über die Bedeutung des Kerns aufzustellen, haben mit der Teilung der Zellen zu tun.

Wenn sich eine Zelle teilt, tritt der Kern in Aktion, zeigt bestimmte Bewegungen und geht durch komplizierte Stadien, die man mit Karyokinese oder Mitose bezeichnet.

Aber diese komplexen Phänomene zeigen einfach nur die Funktion des Kerns als histologisches Element. Sie lassen keine Schlüsse über die physiologische Rolle des Zellkerns zu.

Andere Beobachtungen haben es den Naturforschern ermöglicht, Mutmaßungen darüber anzustellen, welche Erscheinungen ihre Ursache in der Kernfunktion haben. Im Jahre 1881 machte Balbiani auf Individuen der Spezies *Paramecium aurelia* aufmerksam, die von ihrem Nukleus befreit waren und die dennoch die Befähigung zur Fortbewegung, wie die gewöhnlichen Individuen besaßen, woraus er schloss, dass die Kerne keinen Einfluss auf die Erscheinungen des individuellen Lebens ausüben. Kurze Zeit später beobachtete Gruber kleine Exemplare der *Actinophrys sol*, die Nahrung aufnahmen, ihre Position in der Flüssigkeit veränderten und sogar miteinander vereinigt waren (Zygose), denen aber dennoch der Nukleus fehlte.[67]

Dann kamen Gruber und Nussbaum auf die Idee, die Mikroorganismen durch künstliche Mittel in mehrere Fragmente aufzuteilen, von denen einige einen Kern und andere nicht enthalten würden, und anschließend zu beobachten, was

---

67   Beiträge zum *Biologischen Zentralblatt*, 1885. S. 73.

daraus werden würde. Gruber, dessen Experimenten man die größte Bedeutung beimessen muss, wählte als Prüfungsgegenstand den *Stentor coeruleus*, ein großes bewimpertes Aufgusstierchen, das einen Kern aufweist, der einer Perlenschnur (moniliform) gleicht. Danach setzte er seine Experimente bei anderen Arten fort, und seine Schlussfolgerung war, dass alle Protozoen die Fähigkeit haben, verlorene Teile zu regenerieren, dass aber dieses Phänomen nur stattfindet, wenn das isolierte Fragment einen Teil des Kerns enthält.

In diesem Fall reproduziert das Tier alle Organe, die es in Folge seiner Zerteilung verloren hat. Ferner ist der Prozess der Bildung genau derselbe wie bei der spontanen Teilung derselben Infusorien. Der durch ihre Entfernung verursachte Prozess hat dementsprechend denselben Charakter wie der Prozess, der die natürliche Teilung des Körpers verursacht.

Diese Experimente haben vollständig bewiesen, welcher Prozess durch den Kern veranlasst wird. Gruber zeigt, dass es nur einen einzigen Fall gibt, bei dem ein Fragment ohne Kern sich neu bilden kann. Und das ist, wenn das Fragment ein Organoid enthält, das gerade dabei ist sich neu zu bilden, wie es z. B. während der spontanen Teilung des Tieres geschieht. Dies bedeutet, dass die Anwesenheit des Zellkerns notwendig ist, um dem Organismus Impulse für die Neubildung von Organoiden zu verleihen, dass der Zellkern aber nicht notwendig ist, die Organoide zu vervollständigen, wenn der Impuls einmal gegeben wurde.

Wenn man den Kern vollständig aus dem Fragment entfernt, bildet sich kein vollständiges Tier mehr neu. Wenn das Fragment weder Mund noch Mundfeld besitzt, reproduziert es keinen neuen Mund und kein neues Mundfeld. Doch die Fragmente leben weiter und bewegen sich. Das Fehlen eines Kerns stellt weder die Bewegungsfunktion, noch die Sensibilität, die Ernährung oder das Wachstum ein. Diese letzte

116

Schlussfolgerung führt nach unserer Einschätzung zu weit, wie wir weiter unten sehen werden.[68]

Balbiani hat diese Experimente zur künstlichen Teilung wiederholt, und während er im allgemeinen Grubers Ergebnisse hinsichtlich der Funktion des Zellkerns bei den Lebensphänomenen der bewimperten Infusorien bestätigt, hat er sich bemüht, eine bestimmte Anzahl wichtiger Punkte genauer zu bestimmen.

Seine ersten Experimente, wie die von Gruber, wurden mit dem *Stentor coeruleus* durchgeführt, eine Spezies, deren Größe besser zu dieser Art von Experimenten passt. Bei einer Beobachtung, die wir als Typus nehmen, der durch die von Balbiani gezeichnete Figur dargestellt wird, wird der Körper des Stentors durch

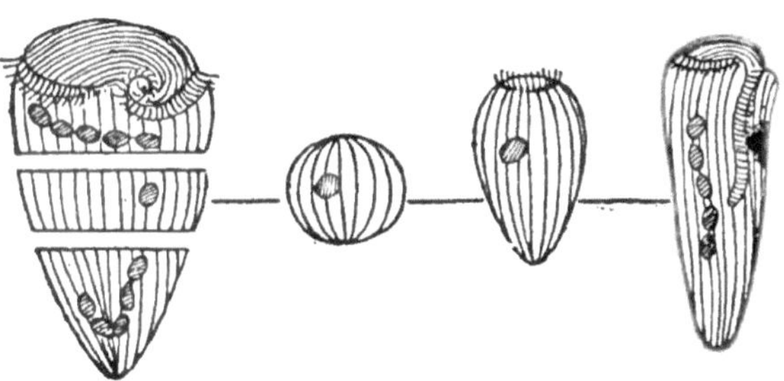

Fig. 12. — Künstliche Teilung des Stentor coeruleus.(Nach Balbiani)

zwei Querschnitte geteilt. Man erhält drei Teilstücke, die jeweils ein Fragment des Kerns enthalten. Wir erinnern uns, dass der Kern des Stentors einer langen Perlenkette gleicht. Es ist keineswegs selten, dass das Fragment eines Stentors eine oder mehrere Perlen enthält.

Wir folgen den Phänomenen im mittleren Segment. Dieses Segment enthält nur ein einziges Körnchen der Perlenschnur. Unmittelbar nach der Trennung nahm es eine kugelförmige Gestalt an. Am darauf folgenden Tag hatte es sich verlängert, an der hinteren Extremität war ein Schwanz gewachsen, und auf dem vorderen Teil eine deutlich umrissene Krone von

---

68 Wir haben Balbianis Vorträge, die diese hervorragende Autorität im Mai 1887 am Collège de France gehalten hat, mit seiner Erlaubnis als Leitfaden verwendet.

117

Zilien, die länger waren als jene auf dem Körper. Mit anderen Worten, ein Mundfeld hatte sich gebildet.

Am Tag darauf hatte sich das Fragment erheblich vergrößert, und nach zwei weiteren Tagen hatte das Tier einen Mund gebildet. Während dieser Zeit vervielfachte sich das Körnchen: Fünf wurden tatsächlich gezählt. Das Tierchen hatte die normale Form angenommen. Seine Größe war jedoch etwas kleiner als die der gewöhnlichen Stentoren. Durch die Einwirkung einer kleinen Menge Kernsubstanz wurde das Fragment daher vollständig rekonstruiert.

Es kommt häufig vor, dass die künstliche Teilung des Tierchens verschiedene Verformungen der Fragmente verursacht. Die Deformation verschwindet mit größter Schnelligkeit bei Fragmenten, die Kernsubstanz enthalten. Die Wunde heilt sofort. Unmittelbar nach der Trennung, sieht man, wie die beiden Kanten der Wunde sich einander anpassen.

Diese Experimente bestätigen die von Gruber erhaltenen Resultate in allen Einzelheiten.

Balbiani wollte wissen, was geschehen würde, wenn die Teilung während des Zustandes der Paarung gemacht würde.

Wie wir wissen, zielt die Paarung darauf ab, eine alte verbrauchte Zelle, die ihre physiologischen Eigenschaften verloren hat, durch eine aus dem Begleitkern (Nukleolus) neu gebildete zu ersetzen. Der Begleitkern wird zwischen den Individuen während der Paarung ausgetauscht. Es ging nun darum, festzustellen, ob der sich langsam auflösende alte Kern seine Regenerationskraft verloren hatte. Bei den Stentoren zerbricht der alte Kern während der Paarung, und seine Perlen verstreuen sich über das ganze Protoplasma. Wenn zu diesem Zeitpunkt der Körper eines Stentors so geteilt wird, dass das Fragment einige der gestreuten Kügelchen enthält, dann stammen diese aus dem alten Kern.

Es ist offensichtlich, dass man ein solches Fragment nur zufällig erhält.

In einem Experiment, das wir wieder als typisch für seine Art zitieren, neigt das Fragment, das die Elemente des alten Kerns enthält, dazu, sich selbst zu rekonstruieren. Jenes Fragment, das den hinteren Teil des Tieres verkörperte, brachte am darauffolgenden Tag ein rudimentäres Mundfeld hervor. Der Wiederaufbau kam nicht über diesen Punkt hinaus: Er blieb unvollständig. Dementsprechend verliert der alte Kern seine Regenerationskraft.

Was die Frage bezüglich der Phänomene betrifft, die in Fragmenten ohne Kernsubstanz vorkommen, hat Balbiani erhebliche Fortschritte gemacht. Er hat die Versuche von Gruber abgeschlossen, er hat sie auch korrigiert, und er ist zu Schlussfolgerungen gekommen, die sich wesentlich unterscheiden.

Um die Phänomene, die mit dem Fehlen von Kernsubstanz verbunden sind, genauer zu verstehen, hat der Autor seine Aufmerksamkeit auf eine andere Spezies gerichtet, das *Cyrtostomum leucas*, das den Vorteil hat, dass sie auf einem Objektträger länger lebendig gehalten werden kann als das Trompetentierchen auf einer Glasscheibe mit einen Tropfen Wasser. Das Cyrtostomum ist ein großes bewimpertes Infusorium von mehr als vier Zehntel Millimeter Länge. Sein Protoplasma ist in zwei Schichten unterteilt, von denen eine, die zur Rinde gehörige, von sehr schweren fadenförmigen, mit Sekret gefüllten Eiweißstäbchen (Trichozysten) umschlossen ist. Die andere Schicht, das Endoplasma (der zentrale, innere, Teil des Protoplasmas) enthält Nahrungssubstanzen. Das Tier weist auf einer seiner Seiten einen Mund auf, der wie ein langes schmales Knopfloch geformt ist. Auf der anderen Seite sieht man ein pulsierendes Bläschen, von dem gekrümmte und sich verästelnde Gänge strahlenförmig ausgehen. Durch eine transversale Teilung ist es leicht Fragmente ohne Kernmaterial zu erhalten, da der Kern des Cyrtostomums aus einer einzigen, runden Masse besteht.

Dagegen ist es nicht leicht, lebendige Fragmente zu erhalten, da dieser Mikroorganismus ein dichtes Ektoplasma hat, und wenn es durchtrennt wird, wächst die Schnittfläche, die sehr unflexibel ist, nicht wieder zusammen um die Wunde zu schließen. Die Seiten bleiben getrennt, das Wasser kommt in Kontakt mit dem Endoplasma, das quillt, sich auswölbt und aus der Wunde herausläuft. Das Tier kann sich also völlig entleeren und an Diffusion sterben. Gelegentlich kommt es vor, dass das Tier sich nur teilweise entleert und dass der Zellkern mit einem kleinen Stück des Protoplasmas entweicht. Wenn sich die Wunde dann wieder zusammenzieht, erhalten wir ein Fragment, aus dem der Kern durch seine eigene Aktion entfernt wurde.

Wir sprechen nicht von den Vorgängen bei jenem Fragment, das noch Kernsubstanz enthält. Die Vorgänge sind die gleichen, wie sie im Fall der Stentoren beobachtet wurden: Das Fragment rekonstruiert sich schnell und bildet wieder ein vollständiges Tier.

Wir wollen das kernlose Fragment näher betrachten. Solche Fragmente leben für einige Zeit weiter. Man hat sie bis zu acht Tagen lebendig halten können. Aber sie rekonstruieren sich nicht. Sie nehmen nicht einmal eine reguläre Form an. Der dem Schnitt zugewandte Teil des Körpers behält seine Schiefe. Anfangs werden die Bewegungen der ersten Tage fortgesetzt. Es ist ein seltsamer Umstand, dass die Fragmente sich weiter in die Richtung bewegen, in der sie sich bewegt hätten, wenn sie noch ein vollständiges Individuum wären. Die Vibrationszilien sind in keiner Weise verändert. Sie führen die gleichen Wackelbewegungen aus wie zuvor. Nur die Bewegungen des Tieres sind ein wenig unregelmäßig. Aber sie zeigen die gleichen Zeichen der Willensausübung, wie man sie bei normalen Individuen gesehen hat. Die Bläschen fahren fort, sich zusammenzuziehen.

Die Fähigkeit, Nahrung aufzunehmen, bleibt auch erhalten, wenn das Fragment ohne Kern den Mund enthält. Der Mund nimmt Nahrungsstoffe auf. Wenn dem Cyrtostomum einzelne Kartoffelstärkekörnchen gegeben werden, schluckt das kernlose Fragment, das einen Mund hat, diese Körner und füllt sich mit ihnen. Es ist nicht bekannt, ob es sie verdaut.

So viel wurde in den ersten Phasen beobachtet, und Gruber war zu diesem Zeitpunkt nicht imstande die Vorgänge zu stoppen.

Nach Ablauf einer bestimmten Zeit, die zwischen dem dritten und vierten Tag schwankt, bemerkt man Strukturveränderungen im Fragment, die vermutlich auf das Fehlen des Zellkerns zurückzuführen sind. Eine der ersten Veränderungen ist das Verschwinden der beobachtbaren Differenzierungskennzeichen, die das Endoplasma vom Ektoplasma unterscheiden. Die dunklen Körnchen, die das Innere des Körpers füllen, sammeln sich in der Mitte, indem sie den peripheren Teil verlassen. Dann streuen diese Körner und gelangen zu einer Position gerade unterhalb der Zellrinde, die vom Zerfließen des Plasmas gezeichnet ist. Die Schicht der mit Sekret gefüllten Eiweißstäbchen (Trichozysten) verändert sich und verschwindet. Alle diese Veränderungen resultieren aus einer vorliegenden Auflösung des Plasmas. Das kontraktile Vesikel schrumpft, seine Pulsationen werden schwächer, die strahlenförmigen Gänge verschwinden. Der Körper des Tieres, der im normalen Zustand länglich ist, rundet sich. Seine Bewegungen erlahmen und bestehen aus nichts als der Drehung des Körpers um seine eigene Achse. Schließlich wird das Tier regungslos und stirbt, indem es flüssig wird.

Diese Veränderungen sind nicht auf einem Mangel an Nahrung zurückzuführen, wie man annehmen könnte. Denn

Fragmente, die einen Mund haben und Nahrungsmittel schlucken, durchlaufen die gleichen Veränderungen wie diejenigen, die keinen Mund haben.[69]

Es ist überflüssig, auf die Bedeutung dieser Ergebnisse hinzuweisen, die durch eine Methode erhalten wurden, die man „auf einzellige Organismen angewandte experimentelle Physiologie" nennen könnte. Obwohl die Experimente nur mit bewimperten Infusorien durchgeführt wurden, können die Ergebnisse derselben auf alle Zellen übertragen werden, denn die Infusorien sind nichts anderes als autonome Zellen, die ein unabhängiges Leben führen.

Die Schlussfolgerung aus den obigen Untersuchungen von Balbiani, die, wie wir gesehen haben, weit über die von Gruber hinausgeht, ist, dass der Kern nicht bloß zur Regeneration der Teile notwendig ist, wie der deutsche Professor glaubte. Der Fehler von Gruber entstand aus der Tatsache, dass er die Entwicklung jener Fragmente nicht lang genug verfolgte, denen der Kern fehlte. Wenn er seine Beobachtungen fortgesetzt hätte, hätte er gesehen, dass so ein Fragment sich allmählich auflöst. Der Kern hat dementsprechend nicht nur eine formgebende Kraft. Er regelt nicht nur die Ernährung, die Anpassung der Form und die Heilung von Wunden. Er hat nicht nur die regenerative Kraft, das Plasma zu rekonstruieren und die Organe, die durch künstliche Trennung verloren gingen. Der Kern ist darüber hinaus ein wesentlicher Faktor für die Vitalität des Plasmas. Wenn einem Protoplasmafragment der Kern entzogen wird, bleibt das Fragment für einige Zeit lebendig, löst sich dann aber auf.

---

69   Balbiani hat uns auf Anfrage mitgeteilt, dass die mit Kern ausgestatteten Fragmente des Cyrtostomums unter denselben Bedingungen (d. h. im Wassertropfen auf einem Glasträger) eine viel längere Zeit am Leben gehalten werden können. Auf diese Weise ist es möglich, sie für den Zeitraum eines Monats am Leben zu halten, wenn man in die Flüssigkeit ein paar Infusorien einführt, um ihnen als Nahrung zu dienen. Von den anderen Bruchstücken, nämlich den ohne Zellkern, leben die meisten nur acht Tage.

Das sind äußerst komplexe Tatsachen und daher schwer durch eine formulierte Aussage zusammenzufassen.

Wir können das Protoplasma sicher nicht als untätige Materie ansehen. Was wahrscheinlich erscheint, ist, dass das Protoplasma vom Kern die Information und Befähigung erhält, physiologische Kräfte einzusetzen. Der Kern ist in gewissem Sinne der Brennpunkt des Lebens in allen seinen Formen.

Wenn wir den Kern durch eine künstliche Sektion loswerden, bleibt das Fragment des entkernten Protoplasmas, nachdem es vom Kern einen noch nicht abgearbeiteten Impuls erhalten hat, für einige Zeit am Leben. Aber nach einer gewissen Zeit, wenn die Impulse, durch den Kern nicht erneuert werden, nimmt das Schicksal des Protoplasmas seinen Verlauf und es stirbt.

Wie lassen sich die Ergebnisse dieser Experimente der zellulären Vivisektion[70] aus psychischer Sicht, die uns hier besonders beschäftigt, erklären? Wenn man sieht, dass das Fragment eines Organismus, dem die Zellkernsubstanz fehlt, sich frei und mit der gleichen Tätigkeit bewegen kann, als ob es noch seinen Kern besäße, so muss man zugeben, dass die Phänomene des Beziehungslebens oder der Bewegung und Sensibilität, ihren Sitz im Protoplasma haben. Aber es ist wahrscheinlich, dass andere physiologischen Fähigkeiten wie die Ernährung nicht dem Protoplasma innewohnen. Sie hängen unmittelbar von der Gegenwart des Kerns ab, denn nach der Entfernung des Kerns verschwinden sie nach und nach und lösen sich ein paar Tage später auf.[71]

Im Übrigen sei erwähnt, dass es bestimmte psychische Eigenschaften gibt, die der Kern anscheinend nicht zum

---

70   Eine Vivisektion ist ein operativer Eingriff am lebenden Organismus.

71   Die schwierige Frage hier ist, ob die psychischen Eigenschaften des Protoplasmas durch die direkte Wirkung der Auflösung des Plasmas zerstört werden oder ob sie kurz vor dem Vorgang der Auflösung und infolge des Fehlens der Kernsubstanz verschwinden.

Protoplasma überträgt, sondern für sich selbst behält. Dies ist der Fall beim Fortpflanzungstrieb.

Wir haben bereits gesehen, dass während der epidemischen Perioden der Paarung jene Paramecia (Pantoffeltierchen), deren Kerne von Parasiten überschwemmt sind, aufhören sich mit Tieren ihrer Spezies zu vereinigen. Die Zerstörung ihres Kerns durch die Bakterien erzeugt im Pantoffeltierchen als Konsequenz eine reale Kastration.

Die Entfernung des Kerns bewirkt dementsprechend die Unterbrechung der folgenden Funktionen in zeitlicher Reihenfolge:

1. Die regenerative und reproduktive Eigenschaft des Plasmas.

2. Die Vitalität des Plasmas und die psychischen Funktionen.

Der Psychologe wird mit Interesse bemerken, dass die psychische Funktion des Protoplasmas die Regenerationsfunktion für eine nennenswerte Zeit überdauert. Das Fragment einer Zelle, das durch die Abtrennung verstümmelt wurde, ist nicht in der Lage, seine äußere Form zu korrigieren, eine frische Zellrinde abzuscheiden oder seine verlorenen Organe zu rekonstruieren. Es ist dennoch in der Lage, Empfindungen wahrzunehmen und darauf mit Bewegungen zu reagieren. Das psychische Leben ist folglich eine Eigenschaft der lebenden Materie, die weniger komplex erscheint als die regenerative Eigenschaft, insofern sie später aufhört.

Zusammenfassend kann man sagen, dass der Kern die primäre Rolle in der Zelle spielt. Wenn wir einen alten Vergleich des Aristoteles verwenden und wir das Protoplasma mit der Tonerde vergleichen, so müssen wir den Zellkern mit dem Töpfer vergleichen, der diese modelliert. Der Kern umfasst alle physiologischen Eigenschaften, deren Gesamtheit das Leben darstellt.

Es ist interessant zu bemerken, welch vollkommene Übereinstimmung zwischen diesen Tatsachen und den Phänomenen bezüglich der Befruchtung herrscht.

Die Befruchtung besteht in der Verschmelzung zweier Kerne, von denen einer vom Männchen ausgeht und einer vom Weibchen. Es liegt also an der Vermittlungsfunktion des Kerns, dass alle Anlagen, alle Eigenschaften der Eltern, die Form ihrer Körper sowie ihre psychischen Anlagen, auf den Embryo übertragen werden. Wie wir eben bemerkt haben, alle diese Eigenschaften müssen im Zellkern enthalten sein, um auf den Embryo überzugehen.

Wir müssen ferner erwähnen, dass der Embryo außer dem Zellkern von der Mutter noch etwas entnimmt. Während er mit dem Vater durch den Kopf des Spermatozoids verbunden ist, der den morphologischen Wert eines Kerns aufweist, erhält er von der Mutter nicht nur den weiblichen Kern, sondern auch das Dotterplasma der Eizelle. Nun, da der Embryo keine größere morphologische Ähnlichkeit mit der Mutter als dem Vater aufweist, so können wir daraus schließen, dass das von der Mutter ererbte Dotter-Protoplasma keinen eigenen formenden Einfluss auf die Entwicklung seines Körpers ausübt.

Dies sind nicht die einzigen Tatsachen, deren Zusammenhang wir mit den Ergebnissen der Experimente über die Funktion des Kerns zeigen wollen. Es ist gut darauf hinzuweisen, wie die Fortpflanzung unter den Organismen erfolgt, die neben ihrem Kern andere differenzierte Organe besitzen. Die bekannteste und vielleicht die allgemeinste Art der Fortpflanzung ist die Fissiparität, die in einer Teilung des ganzen Körpers in zwei gleiche Teile besteht. Wenn wir dem Verlauf dieses Phänomens in jedem Organismus genau verfolgen, so werden wir feststellen, dass die Teilung durch eine Multiplikation der Hauptorgane des Körpers beginnt. Der Kern beginnt mit seiner Verlängerung und der Annahme einer Position senkrecht zur Teilungsebene.

Das erste Organoid, das sich vermehrt, ist die Geißel. Sie teilt sich nicht in zwei Teile, wie mehrere englische Autoren vermutet haben. Nach den Beobachtungen von Bütschli und Klebs wird ein zweites Flagellum vollständig gebildet. Auch der Pigmentfleck teilt sich nicht in zwei Teile. Das alte Auge bleibt durch eine Art Präferenz bei einem der Teile erhalten, während der andere Teil ein vollständig neu gebildetes Auge bekommt. Dies ist auch der Fall beim Mund und der Speise-röhre. Es gibt nur zwei Elemente, die sich durch Teilung ver-mehren: die Chromatophoren und der Kern. Wenn wir aber bemerken, dass die Chromatophoren in einem strukturell ab-gegrenzten Bereich, dem Pyrenoid, enthalten sind, welches eine enge Analogie zur chemischen Zusammensetzung des Kerns zeigt, können wir eigentlich sagen, dass die Kern-elemente der Zelle die Einzigen sind, die sich nicht durch Neubildung auf Kosten des Protoplasmas vermehren, wie es bei den Zilien und Flagellen der Fall ist.

Den Grund für diese Art der Vermehrung mit nuklearen Elementen wird man verstehen, wenn man die Sache im Licht der Experimente betrachtet, die mit den gestaltenden Eigen-schaften des Kerns vorgenommen wurden. Wir haben in der Tat gesehen, dass der Kern das Protoplasma regenerieren kann, aber dass umgekehrt das Protoplasma den Kern nicht regenerieren kann. Wir sehen nun, dass die Regeneration der in Folge der spontanen Zellteilung verlorenen Organe dem-selben Gesetz unterworfen ist, genauso wie die Regeneration nach einer künstlichen Teilung. Das Protoplasma kann in dem einen Fall kein nukleares Element mehr regenerieren wie im anderen Fall. Um die Reproduktion zu bewirken, muss dieses Element sich teilen.

126

10. Schlussfolgerung

Die Schlussfolgerungen in Bezug auf psychologische Phänomene in obiger Abhandlung stehen im Widerspruch zu den Meinungen, die man häufig über die Psychologie der Zelle erhält. Zahlreiche Wissenschaftler sind der Meinung, dass die zelluläre Psychologie vollständig und ausschließlich durch die Gesetze der Reizbarkeit dargestellt wird. In seinem *Essai de Psychologie Générale*, ein in vieler Hinsicht bemerkenswertes Werk, hat Richet diese Ansicht vertreten. Wir haben keine Bedenken deren Richtigkeit zu bestreiten. In der eben erwähnten Arbeit hat der angesehene Professor Folgendes geschrieben:

> *„Es gibt einfache Wesen, die nichts anderes als eine homogene Zusammenstellung von reizbaren Zellen zu sein scheinen. Die Bewegungsreaktion, die auf einen äußeren Reiz folgt, ist ihr Lebensverhältnis. Reizbarkeit ist ihr komplettes Leben, aber das ist in Wirklichkeit nichts anderes als das psychische Leben, sodass zelluläre Reizbarkeit als das elementare psychische Leben angesehen werden kann.“*

Nach einer aufmerksamen Durchsicht dieser Stelle wird ersichtlich, dass Richet in die Kategorie der Reizbarkeit nicht nur einzellige Organismen eingeordnet hat, sondern auch mehrzellige Organismen, die durch den Zusammenschluss von homogenen Zellen entstehen.

Romanes scheint in seiner Arbeit über die *Mental Evolution* (Evolution des Geistes), nicht zu so einer definitiven Schlussfolgerung wie Richet gelangt zu sein, und die psychische Aktivität der Protoorganismen auf derart enge Grenzen reduziert zu haben. Wir sind von der Tatsache seines schematischen Überblicks zur Evolution des Geistes beeindruckt: Er erkennt allerdings nichts als Erregbarkeit, zum Beispiel in der Eizelle und dem Spermatozoid des Menschen. Das ist offensichtlich falsch.

Die sexuellen Zellen und besonders die Spermatozoen aller unizellulären Organismen sind gewiss diejenigen, welche die am höchsten entwickelten psychischen Funktionen zeigen: Die Handlung des Suchens und Annäherns an die Eizelle (Ovulum), die häufig in ziemlichem Abstand von der männlichen Zelle abgelagert wird; die Länge der zu durchwandernden Strecke; die zu überwindenden Hindernisse. Alle zeigen auf Fähigkeiten des Spermatozoids, die nicht durch einfache Reizbarkeit erklärbar sind.

Bisher haben sich Autoren, die versucht haben, die Psychologie der Mikroorganismen vorzustellen, anscheinend mit schematischen Begriffen begnügt, anstatt ihre Theorien auf die direkte Beobachtung dieser interessanten Geschöpfe zu stützen. Mit Hilfe von genauen Daten haben wir gezeigt, dass in pflanzlichen und tierischen Mikroorganismen Phänomene auftreten, die zu einer hochkomplexen Psychologie gehören, und die ganz unproportional zur winzigen Masse erscheinen, die ihnen als Substrat dient.

Wir wollen zunächst auf den Begriff der Reizbarkeit hinweisen, der, wenn auch lang gebraucht, nach unserer Meinung nicht glücklich gewählt worden ist, denn er ist im höchsten Grad zweideutig und legt keineswegs eine genaue Bedeutung nahe. Wir könnten in diesem Zusammenhang die von Kant über verborgene Eigenschaften gemachte Reflexion in Erinnerung rufen, die er mit Sesseln vergleicht, auf denen der Geist sich entspannt und ausruht. Anstatt Worte zu diskutieren, wollen wir uns bemühen, Tatsachen zu diskutieren.

Was versteht man unter Reizbarkeit? Wir können dem Ausdruck eine sehr breite oder sehr eingeschränkte Bedeutung geben. Wir können die Eigenschaft ausdrücken, wie jeder Organismus auf die Erregung reagiert. In diesem allgemeinen Sinne können wir sagen, dass der Begriff Reizbarkeit selbst die ganze Psychologie, die höchst entwickelte, wie auch die elementarste umfasst.

Denn im Endergebnis besteht jede psychische Manifestation in einer Reaktion auf eine Erregung.

Offenbar beabsichtigt Richet nicht den Begriff in diesem allgemeinen und irgendwie auf den gesunden Menschenverstand beruhenden Sinn, zu verwenden. Für eine genauere Definition wollen wir uns mit seinem Werk beschäftigen, in dem das ganze erste Kapitel diesem Thema gewidmet ist. Der Autor nummeriert und entwickelt ausführlich die Gesetze der Reizbarkeit:

1. Jede Einwirkung, die den tatsächlichen Zustand einer Zelle modifiziert, ist ein Reizmittel für diese Zelle.

2. Jede äußere Kraft, sofern sie eine gewisse Intensität hat, kann zelluläre Reizbarkeit hervorrufen.

3. Die Handlung als Reaktion auf die Reizung ist proportional zur Erregung.

4. Die Handlung als Reaktion auf die Reizung ist für gleiche Irritationen in dem Maße stärker, wie das Gleichgewicht der Zelle weniger stabil ist. Mit anderen Worten, je erregbarer die Zelle ist, desto stärker ist in dem Maße die Handlung.

5. Die Reaktion auf die Irritation, ist eine Bewegung in Form einer Welle, die eine sehr kurze Latenzzeit, eine entsprechend kurze Aufstiegszeit, und eine sehr lange Abstiegszeit aufweist.

6. Die Bewegung der Zelle ist bei gleicher Reizung proportional stärker, je plötzlicher die Reizung aufgetreten ist.

7. Die Bewegung als Reaktion auf eine kurze Reizung dauert viel länger als die Irritation gedauert hat.

8. Kräfte, die allein unwirksam erscheinen, werden bei Wiederholung wirksam, denn sie haben, trotz ihrer scheinbaren Unwirksamkeit, die Erregbarkeit des Organismus erhöht.

Die Aufstellung dieser verschiedenen Gesetze gibt dem Begriff Reizbarkeit eine Präzision, an der es vorher fehlte.

Richet hatte vor allem die muskulösen Fasern im Blick, und die Gesetze der Reizbarkeit sollten nur eine Reihe von physiologischen Experimenten über die Reaktion eines gestreiften Muskels abdecken. Es handelt sich also nicht um hypothetische Gesetze, sondern vielmehr um ganz spezifische Experimente, die generalisiert und auf undifferenziertes Protoplasma ausgedehnt wurden. Es ist richtig, hier zu bemerken, dass wir die Gesetze der Reizbarkeit im undifferenzierten Protoplasma noch nicht durch direkte Experimente bestätigen konnten. Die Experimente, die zu diesem Punkt gemacht wurden, z. B. das Experiment, das das Protoplasma einer abgetrennten Zelle veranlasst, sich mithilfe eines elektrischen Stroms zu kontrahieren, haben noch nicht zu einem klaren Ergebnis geführt (Stand 1888), denn die Struktur des Protoplasmas ist so heikel und so komplex, dass sogar die geringste Anregung genügt, um eine Veränderung hervorzubringen, und außerdem ist es schwierig, die Kontraktion des Protoplasmas von seiner Gerinnung zu unterscheiden. Aber wir werden diese untergeordnete Frage nicht weiter verfolgen.

Es bleibt nun die Frage, ob die komplizierten Experimente in der Muskelphysiologie, die Richet verallgemeinert und auf die Physiologie aller Zellkörper ausdehnt, die gesamte Psychologie eines unabhängigen Organismus einschließt und umfasst, und ob wir mit Richet sagen können, dass Reizbarkeit (soweit diese verstanden ist) die gesamte zelluläre Psychologie verkörpert.

Eindeutig nicht. Die zahlreichen Tatsachen, die wir im vorigen Aufsatz zitiert haben, übersteigen die zu engen Bereiche, innerhalb denen versucht wurde, die Psychologie der Zelle zu begrenzen. Wir beschränken uns auf die Erwähnung eines dieser Phänomene, um die Komplexität des psychischen Lebens von Mikroorganismen zu zeigen: es ist die Existenz eines Selektionsvermögens, das entweder bei der Suche nach Nahrung oder bei den Manövern welche die Vermehrung begleiten, ausgeübt wird.

Dieser Vorgang der Selektion ist ein Phänomen von größter Wichtigkeit. Wir können es als das charakteristische Merkmal der Funktionen des Nervensystems annehmen. Wie Romanes in der Tat bemerkt hat, kann das Wählvermögen als Kriterium der psychischen Fähigkeiten angesehen werden. Wenn wir weiter gehen, können wir sagen, dass die Selektion die Eigenschaften der Nervenzelle charakterisiert, da die Reizbarkeit die Eigenschaften der Muskelzelle kennzeichnet.

Wissenschaftler haben versucht, den Mechanismus dieser Wahlfähigkeit zu erklären. Sie haben versucht, das Problem zu lösen, indem sie sagten, dass der Mechanismus von der Beziehung zwischen der chemischen Zusammensetzung der Zelle, die auswählt und der chemischen Zusammensetzung des Körpers abhängig sei.

Solche Erklärungen sind rein verbal. Zweifellos ist die Selektionsfähigkeit des Protoplasmas im Charakter der biochemischen Zusammensetzung begründet. Die Biochemie ist die Basis der Physiologie[72], aber die Biochemie erklärt die Physiologie nicht, und es ist ganz offensichtlich, dass die Eigenschaft, welche das Protoplasma besitzt, nämlich eine Wahl zwischen mehreren Erregungen bzw. Reizen zu treffen, eine physiologische Eigenschaft ist.

---

72 Diese Aussage lässt sich mit einem Beispiel verdeutlichen: Baumaterial ist die Basis eines Gebäudes, aber das Baumaterial erklärt nicht das Gebäude. Um ein Gebäude zu erklären bedarf es über das Baumaterial hinausgehende Erklärungen.

Wie dem auch sei, so können wir alles Vorstehende in die Aussage wieder aufnehmen, dass jeder Mikroorganismus ein psychisches Leben hat, dessen Komplexität die Grenzen der Reizbarkeit einer Zelle übersteigt, und zwar aufgrund der Tatsache, dass jeder Mikroorganismus eine Selektionsfähigkeit besitzt. Er wählt seine Nahrung genauso, wie er das Tierchen wählt, mit dem er sich paart.

Richet verteidigt seine Meinung, die im Gegensatz zu der von mir in einer Notiz in der *Revue Philosophique* vom Februar 1888 vorgebrachten steht, indem er wie folgt sagt:

Herr Binet äußert sich zu Beginn seines Aufsatzes über das *Psychische Leben der Mikroorganismen* (Revue Philosophique) folgendermaßen:

„In den niederen Wesen, die die einfachsten Formen des Lebens darstellen, finden wir Manifestationen einer Intelligenz, die die Phänomene der zellulären Reizbarkeit übersteigen. So sind die psychischen Manifestationen auch auf den untersten Sprossen der Leiter des Lebens sehr viel komplexer, als man gewöhnlich glaubt, und die Vorstellung der zellulären Psychologie, die sich einige Autoren gebildet haben, scheint mir eine sehr grobe Analyse der äußerst feinen Phänomene zu sein."

Wie ich in meinem „Essai de Psychologie Générale" bestätigt habe, und in gewissem Maße – wenn auch gering – erweckt diese zugegebenermaßen alte Idee den Anschein, dass zelluläre Reizbarkeit der Anfang der psychischen Tätigkeit sei. Ich bitte deshalb um Erlaubnis, etwas zur Verteidigung einer Meinung zu sagen, die von Herrn Binet so grob abgehandelt wurde.

Nun, mir scheint, dass Herr Binet sich in die Illusion des Wortes Zelle verstrickt hat. Eine Zelle, in den Augen des Embryologen und des Morphologen, hat eine wohldefinierte Bedeutung. Aber Herr Binet scheint die Tatsache nicht begriffen zu haben, dass für den Physiologen und Psychologen die wesentliche Bedingung der zellularen Einheit Homogenität ist. Es ist möglich, dass die Infusorien, deren seltsame Lebensgeschichte Herr Binet uns erzählt, einzellige Organismen sind. Ich bin in keiner Weise qualifiziert, darüber zu entscheiden. Aber ob es sich um eine einzelne Zelle oder um eine Gruppe von Zellen handelt, das macht nach meiner Meinung wenig Unterschied, vorausgesetzt, die einzelne Zelle ist in demselben Ausmaß differenziert, als wenn sie aus mehreren nicht homogenen Zellen bestehen würde.

Ich berufe mich auf Herrn Binet selbst und auf den entsprechenden Abschnitt seines Aufsatzes. Wenn er uns eine Euglena mit Augen, Speiseröhre, Mund, kontraktilem Vesikel, kontraktilem Reservoir zeigt (Fig. 6) und wenn er sorgfältig die Form des Flagellum, die nesselartigen Tentakel, die zungenförmigen Organe, die Augenpunkte, die mit Sekret gefüllten Eiweißstäbchen (Trichozysten) und das Mundfeld (Peristom) beschreibt, wenn er außerdem eine Art Nervensystem (diffuses reizbares System) annimmt, das mit verschiedenen Attributen ausgestattet ist: Er kann uns dennoch nicht veranlassen, zuzugeben, dass die Psychologie dieser komplizierten Organismen die gleiche ist wie die Psychologie der einfachen Zelle. Ich wiederhole, es ist ziemlich unwesentlich für mich, dass Leute, durch die Autorität der Embryologie bestätigen, dass dieses oder jenes eine einzelne Zelle sei. Wenn diese Zelle Augen, eine Art Nervensystem, einen Mund, eine Speiseröhre und ein Herz habe, so werde ich trotz aller Hypothesen der Embryologen es nicht als physiologisch homogene Zelle betrachten, wie es beispielsweise eine Muskelfaser ist.

Die Größe hat überhaupt keinen Einfluss auf die Sache. Die gleichen Antriebe, sagt Montaigne, rühren Milben und Elefanten in gleicher Weise. Das psychische Leben der Biene ist so kompliziert wie das des Wales, und wenn ein mikroskopisches Aufgusstierchen Augen, Mund, Stacheln und ein Herz besitzt, so besitzt es diese Organoide offenbar, um sie zu gebrauchen, und demgemäß werde ich es aus der gleichen Überzeugung als einen komplexen Organismus behandeln, wie ich es mit einer Schnecke oder eine Heuschrecke zu tun pflege. Die Embryologie zwingt mich nicht zum Extrem, ein solches Geschöpf als einen einfachen Organismus zu betrachten, weil es aus einer einzigen Zelle stammt.

Meiner Meinung nach ist es also das unglückliche Wort „einzellig", dass Herr Binet glaubt, Infusorien seien einzellige Organismen, und dass somit die elementare Psychologie der Zelle auf sie angewendet wird. Herr Binet ließ sich durch ein Wort täuschen, was in der

Wissenschaft oft geschieht. Meiner Meinung nach und um jede Verwirrung zu vermeiden, möchte ich sagen, dass die elementare Psychologie der Zelle nicht auf irgendetwas anderes als auf homogene Zellen angewandt werden sollte. Denn die Psychologie, die mit komplexen Zellen zu tun hat, die reale Organismen sind mit Organoiden und eigenem System, muss sicherlich so komplex sein wie die Psychologie der vollständig differenzierten Tiere.

Die Gesetze der Reizbarkeit wirken in ihrer Einfachheit und Strenge bei einfachen Wesen. In der Tat, in jedem Fall der Erforschung der Natur einfacher Organismen oder solcher, wie sie durch die zur Verfügung stehenden optischen Instrumente uns einfach erscheinen (eine Tatsache, die ihre Einfachheit nicht immer streng beweist), wie zum Beispiel bei Bakterien – finden wir, dass chemische Reizbarkeit anscheinend das einzige Gesetz der Bewegung ist. Was sind übrigens die Bewegungen jener Bakterien, die von Engelmann so gründlich studiert wurden, anderes, wenn nicht die Affinität zum Sauerstoff, also das einfachste und universellste chemische Phänomen in der ganzen Natur?

Und so wird die Kritik von Herrn Binet nicht standhalten. Im Gegenteil scheint es wohlbekannt zu sein, dass komplexe Organismen, ob sie einzellig oder vielzellig sind, eine Psychologie haben, die in ihrer Komplexität dem Grad der Differenzierung entspricht, den ihre Organe erreicht haben, während einfache Wesen - und sie sind einfach nur, wenn sie homogen sind - eine einfache Psychologie haben, die wahrscheinlich nur die Gesetze der Reizbarkeit umfasst.

Ch. Richet.

Meine Antwort auf den Brief von Richet, der in derselben Ausgabe der *Revue Philosophique* erschienen ist, kann als allgemeine Zusammenfassung dieses Buches vorgebracht werden. Unter Auslassung aller polemischen Merkmale ist der Inhalt im Wesentlichen wie folgt:

Wenn ich der Psychologie dieser mikroskopischen Kreaturen den Namen Zellpsychologie gebe, habe ich nicht einen neuen Begriff erfunden, noch gab ich der alten Bedeutung einen neuen Sinn. Schon einige Zeit vor mir hatte Haeckel ein Studium der zellulären Psychologie durchgeführt, und seine Untersuchungen basierten wie mein eigenen vollständig auf der Beobachtung von tierischen und pflanzlichen Mikroorganismen. Außerdem kann bei Mikroorganismen, die durch eine einzelne Zelle repräsentiert werden (und diese Lehre ist nun mal allgemein anerkannt), das Studium ihrer psychischen Manifestationen, meiner Meinung nach, mit vollkommener Angemessenheit zur zellulären Psychologie zählen.

Herr Richet nimmt eine Ausnahme der Verwendung des letzteren Ausdrucks an. Aber er tut dies, indem er als Ersatz für die alte Definition des Wortes Zelle, eine ganz eigene verwendet. Ein Mikroorganismus wie die Euglena, die ein Auge, einen Mund, eine Speiseröhre und ein kontraktiles Vesikel hat, wäre für ihn keine Zelle. Wenn man die letztere Ansicht zulässt, bedeutet es nach seinen eigenen Worten, sich an der Illusion des Wortes Zelle zu beteiligen. Nach unserem Urteil handelt es sich bei der Frage keineswegs um eine optische Täuschung, sondern um die verbale Definition. Was ist demnach eine Zelle? „Für den Physiologen und Psychologen", sagt M. Richet, „ist die Zelle kein eigenes Wesen oder zumindest fehlt dieser Entität eine wesentliche Bedingung, nämlich die Homogenität."

Für Herrn Richet ist die Zelle ein homogener Körper. Ein Körper, der differenzierte Teile beinhaltet, ist für ihn keine Zelle.

Es ist unnötig zu bemerken, wie weit der letztere Begriff einer Zelle von der üblichen und allgemein akzeptierten Definition des Wortes abweicht. Bisher haben Wissenschaftler unter dem Begriff Zelle, einen Körper verstanden, der aus der Verbindung zweier erforderlicher Teile, nämlich einer Menge Protoplasma und einem Kern besteht. Die wissenschaftliche Welt überlegt, ob elementare Formen existieren, die keinen Kern enthalten und die, wie von Haeckel vorgeschlagen, als Zytoden bezeichnet werden sollten. Die sorgfältige Beobachtung von Mikroorganismen mittels verbesserter technischer Prozesse hat es uns ermöglicht, Hunderte von Kernen in den Zellkörpern zu entdecken, die Haeckel ursprünglich zu den Zytoden zählte. Dies ist insbesondere bei vielen Algen- und Unterklassenpilzen der Fall. Die Moneren[73] - eine Gruppe von Mikroorganismen,

---

73   **Moneren** sind, die niedersten Organismen. Zu den Moneren gehören die Bakterien und einige niederste Algen (Chroococcaceen).

von denen angenommen wurde, dass sie keinen Kern haben, werden zahlenmäßig weniger und weniger, je sorgfältiger sie untersucht werden.

Es ist wahr, dass wir derzeit nicht fähiger als früher sind, die Anwesenheit eines Kerns in Bakterien festzustellen (Stand 1888). Aber das beweist nicht, dass die Bakterien keinen haben. Unser Wissen über die Morphologie der mikroskopischen Organismen ist ganz und gar verhältnismäßig und hängt von dem Grad der Vollendung ab, den die technische Wissenschaft erreicht hat. Wenn man bedenkt, dass die Anwesenheit eines Zellkerns in den Organismen, die mehrere hundertmal größer als Bakterien sind, für eine lange Zeit unbemerkt blieb, sollten wir nicht überrascht sein, dass wir in diesen kleineren Kreaturen keinen entdecken konnten.

Wir können sogar noch weiter gehen und die materielle Existenz eines nur aus Protoplasma gebildeten Körpers hinterfragen, der auf den in meinem Artikel berichteten Versuche von Gruber, Nussbaum und Balbiani und auf den neueren Beobachtungen von Klebs, basiert, und der in perfekter Übereinstimmung mit den Ergebnissen der soeben zitierten Forscher ist. Alle Versuche haben gezeigt, dass der Kern ein für das Zellstoffleben wesentliches Element ist, und dass das Fragment eines zellulären Körpers von dem der Zellkern durch eine künstliche Sektion entfernt wurde, sich infolge der durch Abtrennung verloren gegangenen Organoide, nicht mehr reproduziert. Die Wunde heilt nicht, die Zelle modelliert ihre Form nicht mehr, und nach Ablauf einer gewissen Zeit erfährt ihr Protoplasma, dem der Einfluss des Zellkerns fehlt, die völlige Auflösung. Diese Experimente wurden nicht nur mit tierischen Mikroorganismen, sondern auch mit pflanzlichen Zellen durchgeführt. Sie beweisen die uranfängliche Wichtigkeit des Zellkerns und bezweifeln dadurch die Existenz von kernlosen Zellen.

Da jede Zelle aller Wahrscheinlichkeit nach mindestens zwei verschiedene differenzierte Elemente enthält, das Protoplasma und den Zellkern, die weder die gleiche physikalische Struktur noch die gleiche chemische Natur, noch die gleichen physiologischen Funktionen haben, können wir verstehen, dass es außerordentlich schwierig wäre, eine einzelne Instanz einer einfachen homogenen Zelle zu benennen. Hier ist die richtige Stelle, um hinzuzufügen, dass weder das Protoplasma noch der Zellkern, für sich betrachtet, homogene Substanzen sind. Es ist unnötig, alle Untersuchungen aufzählen, die zu diesem Punkt angestellt wurden. Denken wir nur daran, dass aus morphologischer Sicht das Protoplasma aus zwei Stoffen zusammengesetzt zu sein scheint, eine homogene halbflüssige Substanz und eine festere Substanz, die, wie Fachleute sagen, manchmal die Form abgelöster Filamente und ansonsten eine netzförmige Struktur hat.

Gegenwärtig ist es demnach nicht möglich, dass homogene Zellen vorhanden sein können, ohne auf Dujardins Sarkode-Theorie des Protoplasmas als primitive Substanz zurückfallen. Es gibt wirklich keine einfachen Organismen, und solche, die so erscheinen, sind nur unvollständig bekannt.

Allerdings ist es vielleicht nicht richtig, die von Richet verwendeten Begriffe wörtlich zu nehmen. Wenn er von homogenen Zellen spricht, ist es möglich, dass er nur von Zellkörpern sprechen möchte, in denen neben dem Zellkern kein anderes differenziertes Organoid zu finden ist.

Hier ist es sehr wichtig zu bemerken, dass selbst bei Organismen, die nur aus Protoplasma und Kern bestehen, die Psychologie äußerst kompliziert ist und nicht ausschließlich in den Gesetzen der Reizbarkeit enthalten ist.

Die Vampyrella Spirogyrae, die von Zopf den Tierpilzen zugehörig klassifiziert wurde und deren Rang noch kaum bekannt ist, ist ein Wesen, dessen Körper sich aus Protoplasma und Kern zusammensetzt. Bisher wurde in dieser Kreatur kein anderes differenziertes Organoid gefunden, von ein bis vier kontraktilen Bläschen abgesehen. Wenn wir die Terminologie von Richet anwenden, so sollten wir das vielleicht als eine einfache Zelle bezeichnen. Doch hat diese einfache Zelle eine ziemlich komplizierte Psychologie: Sie übt beim Nahrungsangebot eine Wahl aus und greift nur Spirogyra an.

Dasselbe ist der Fall bei den Monas amyli, die, weder Auge noch Mund haben, und die für Richet einfache Zelle darstellen. Auch die Monas amyli üben eine Wahl aus, wenn sie das Nahrungsangebot selektieren, da sie ausschließlich Stärkekörnchen verspeisen.

Die strukturellen Elemente der Gewebe unterscheiden sich nicht von jenen Mikroorganismen, deren psychologische Geschichte ich zu entwickeln mich bemüht habe, und zwar so wenig, wie man sich nur vorstellen kann: Sie zeigen die gleichen Selektionsfähigkeiten, und an dieser Stelle will ich nur die Epithelzellen des Darms oder die Phagozytenzellen erwähnen, deren Eigenschaften ich in meinem Aufsatz beschrieben habe, und die in der Lage sind, zum Beispiel zwischen Fettstückchen und Teilchen von Kohle zu unterscheiden. Und damit will ich das Thema verlassen.

Ich wiederhole es daher, dass keine lebendige, streng definierte Zelle eine einfache Zelle ist, und ich glaube nicht, dass Herr Richet mit der Erwähnung der Muskelzelle ein passendes Beispiel vorgebracht hat, denn diese ist eine der am höchsten differenzierten, die es gibt.

Ich kann mir daher nicht vorstellen, auf welche eindeutig definierten Wesen, man eine einfache zelluläre Psychologie, die auf reine Reizbarkeit reduziert ist, anwenden kann, dass Herr Richet von mir verlangt, diese von der komplexen zellulären Psychologie zu unterscheiden, die ausschließlich für die von mir beschriebenen tierischen und pflanzlichen Mikroorganismen vorbehalten sei.

Es scheint mir, dass dieser einfach-zellulären Psychologie die Grundlage fehlt. Es handelt sich um eine Auffassung des Geistes, und nicht um eine Studie, die auf beobachteten Tatsachen beruht.

In Herrn Richets Aufsatz finde ich keinen Hinweis darauf, welche Art von Wesen er damit unterscheiden will. Er begnügt sich von einfachen Wesen zu reden, ohne sie anders zu definieren (S. 20 und 27). Am Ende seiner Bemerkungen über meine Arbeit zitiert Herr Richet ein Beispiel einfacher Wesen, nämlich die Bakterien. Laut seiner Beurteilung scheint chemische Reizbarkeit das einzige Gesetz zu sein, das ihre Bewegungen konditioniert. Was sind die Bewegungen der Bakterien, fragt er, wenn nicht eine Affinität zu Sauerstoff, mit anderen Worten, das einfachste und universellste chemische Phänomen, das in der ganzen Natur existiert?

Nach unserer Beurteilung ist der letztere Satz metaphorisch zu nehmen. Wir glauben, dass noch niemand bewiesen hat, dass die Bewegungen eines lebendigen Wesens, wenn sie sich auf einen entfernten Gegenstand beziehen, so einfach sie auch sein mögen, nur durch eine chemische Affinität zu erklären sind, die zwischen diesem Wesen und diesem Objekt wirkt. Es ist sicherlich keine chemische Affinität, die wirkt, sondern vielmehr eine physiologische Notwendigkeit.

Das psychische Leben, wie sein Substrat, die lebendige Materie, ist bei näherer Betrachtung ein äußerst komplexes Subjekt. Diese Wahrheit ist meine tiefe Überzeugung. Sie beruht nicht auf abstrakten Vorstellungen und Methoden, sondern auf den Beobachtungen, die ich angestellt habe; Beobachtungen, die nicht allein auf meiner persönlichen Glaubwürdigkeit beruhen, sondern die zuerst von Fachleuten ersten Ranges beschrieben wurden und bei denen ich meistens in der Lage war, sie mit meinen eigenen Augen zu bestätigen.

Alfred Binet

11. Stichwortverzeichnis

Naturwissenschaft, Physik und Astronomie

- **Äquivalenz von Information und Energie.** Von: K.-D. Sedlacek.
- **Das Gesetz im Zufall:** Wie sich verborgene Gesetzlichkeit manifestiert. Von: Moritz Cantor u. K.-D. Sedlacek (Hrsg.).
- **Der Widerhall des Urknalls:** Spuren einer allumfassenden transzendenten Realität jenseits von Raum und Zeit. Von: K.-D. Sedlacek.
- **Einsteins Relativitätstheorie ganz ohne Mathematik.** Spezielle und allgemeine Relativitätstheorie. Von: Prof. Dr. Paul Kirchberger u. K.-D. Sedlacek (Hrsg.).
- **Freizeitvergnügen Sternenhimmel mit bloßem Auge:** Wie man Sternbilder auffindet ohne Instrumente. Von: Prof. Dr. Paul Kirchberger u. K.-D. Sedlacek (Hrsg.).
- **Phänomen Naturgesetze:** Das Geheimnis hinter den Erscheinungen der Welt. Von: K.-D. Sedlacek.
- **Supervereinigung:** Wie aus nichts alles entsteht. Von: K.-D. Sedlacek.
- **Die Natur psycho-physikalischer Phänomene.** Erforschung telekinetischer Vorgänge. Von: Schrenck-Notzing, A. u. Klaus D Sedlacek (Hrsg.).
- **Giganten der Physik.** Die Top10-Physiker der Menschheitsgeschichte. Von: Klaus-Dieter Sedlacek (Hrsg.).

Chemie

- **Der Stein der Weisen:** Wie die Alchemie zur Chemie wurde. Von: Wilhelm Ostwald et. al. u. K.-D. Sedlacek (Hrsg.).
- **Durchblick Chemie:** Praktische Grundlagen und Einführung in die anorganische, organische und Biochemie. Von: Prof. Dr. Lassar-Cohn, Prof. Dr. W. Löb, K.-D. Sedlacek.

Natur- und Philosophie

- **Die letzten Ursachen.** Das Buch der Naturerkenntnis. Von: K.-D. Sedlacek.
- **Gebundener Wille:** Wie frei ist menschlicher Wille tatsächlich? Von: K.-D. Sedlacek, G.F. Lipps et. al.
- **Jenseits der Erscheinungen:** Erkennbarkeit und Realität der Quantennatur. Von: Prof. Dr. M. Schlick u. K.-D. Sedlacek (Hrsg.).
- **Kleines Wörterbuch der Natur-Philosophie:** 1200 Begriffe, die man kennen sollte, kurz und prägnant. Von: K.-D. Sedlacek.
- **Naturphilosophie:** Das Wesen von Naturgesetzen und die Erklärung des Lebens. Von: Prof. Dr. M. Schlick u. K.-D. Sedlacek (Hrsg.).
- **Vereinbarkeit von Religion und Naturwissenschaft.** Von: Kurd Laßwitz u. K.-D. Sedlacek (Hrsg.).
- **Das Konzept des Guten.** Sinnliches Empfinden – Der Ursprung unserer Wertvorstellungen. Von: Klaus-Dieter Sedlacek (Hrsg.)
- **Ist echte Erkenntnis möglich?** Einführung in die Erkenntnistheorie. Von: Prof. Dr. Erich Becher u. K.-D. Sedlacek (Hrsg.).
- **Das individuelle Ich**: Was ist der Kern des Selbstbewusstseins? Von: Th. Lipps u. K.-D. Sedlacek (Hrsg.).

Bewusstsein

- **Leben nach dem Leben:** Befreiung des Bewusstseins von den Fesseln der Zeit. Von: K.-D. Sedlacek.
- **Quantenbewusstsein.** Von: N. Wrobel u. K.-D. Sedlacek.
- **Synthetisches Bewusstsein.** Von: K.-D. Sedlacek.
- **Unsterbliches Bewusstsein:** Raumzeit-Phänomene, Beweise und Visionen. Von: K.-D. Sedlacek.